David E. McAdams

Geometrične mreže
Knjiga projektov

David E. McAdams
http://www.demcadams.com

Praktična uvod v tridimenzionalne geometrije z uporabo mrež z navodili

Slikovni krediti

Vse geometrične mreže so David E. McAdams.

Vse slike so David E. McAdams, razen če ni drugače navedeno tukaj.

- Stožec - LucasVB. Nahaja se v javni domeni, ki jih umetnik.
- Kubooktaeder - Svdmolen. Nahaja se v javni domeni, ki jih umetnik.
- Graditi dodekaeder - Tom Ruen. Nahaja se v javni domeni, ki jih umetnik.
- Okrnjen kubooktaeder - Svmolen. Nahaja se v javni domeni, ki jih umetnik.
- Prisekan dodekaeder - Harkonnen2. Nahaja se v javni domeni, ki jih umetnik.
- Prisekan ikozaeder - Svmolen. Nahaja se v javni domeni, ki jih umetnik.
- Prisekan oktaeder - InductiveLoad. Nahaja se v javni domeni, ki jih umetnik.

Kazalo

Prvi koraki

Kaj je geometrijska mreža?

Geometričen mreža je ravno risbo, ki jih je mogoče zložiti v tridimenzionalni sliki. Na primer, šest enakih kvadratov biti v kocko. To je zato, ker kocka ima šest strani, ki so vsi enaki kvadratov. Vsaka od skic v tej knjigi je mogoče zložiti v tridimenzionalni geometrijsko objekta.

Večina geometrične mreže krat v trdnem stanju z ravnimi stranicami. Obstaja nekaj izjem. Valj se lahko izvede iz pravokotnika in dva kroga. Stožec so lahko narejene iz kroga in trikotnika z ukrivljeno dno.

Kaj vse besede v imenih pomeni?

Večina besed, ki se uporabljajo v imenih tridimenzionalnih trdnih oblik so bile sestavljene z Grki pred več kot dva tisoč let. Grški matematiki skupaj besed, da bi imena za oblik. Nekatere besede pomenijo številke. Je na primer "Tetra", ki pomeni "štiri". Nekatere besede, ki se uporabljajo, so:

antiprizma:	trdna z poligonov za podlagami in izmenično, enakih trikotnikov za straneh.
kupola:	ima kupolo.
desetletji:	deset.
desetkotnik:	ravno poligon z desetih straneh.
deltoid:	kite predmet v obliki črke s štirih straneh.
deltoidni:	narejena iz kite v obliki predmetov za obraze.
bipiramida:	trdno snov, ki se lahko izvede s "lepljenjem" dna dveh identičnih piramid skupaj.
podaljšana:	trdno snov, ki se začne z drugo obliki, toda pravokotniki dodali, da bi bilo več.
prisekanega:	piramida ali stožec z vrhom odrezani.
giro podaljšana:	iz več dodajanje antiprizma na ohišje.
éder:	trdna, katerega stranice so flat.
icosi:	ima dvajset strani.
ikoza:	ima dvajset strani.
poševno:	ne Pravokoten.
okta:	osem.
prizma:	trdna z poligonov za vrhovi in dna in enakih pravokotnikov za straneh.
piramida:	trdna s poligonom za dno in trikotnimi straneh, da pridejo do točke.
pravilni:	ob obraze, narejene iz enakih Pravilni poligonov.
rombični:	vsebuje rhombuses za eno ali več obrazov.
romb:	ravno figura s štirih straneh, ki niso pravokotni.
pravokotni:	črta, ki povezuje središče baze in center zgornjega je pravokotna na zgornji in spodnji strani; ali njena linija, ki povezuje središče dna do vrha (pika) z

prirezano:	spremenil iz druge slike, ki jih proces v treh korakih: popravek, krajšanje in menjavanja.
stelacija:	ob obraze zamenjati s piramido, ki ima obraz kot osnovo.
tetra:	štiri
trikotni:	na osnovi trikotnika.
okrnjen:	odrezan

oznako pravokotno na podlago.

Kako težko je, da bi trdna snov iz geometrijskega mreža?

Nekateri od njih so preproste, in nekateri so težko. V bistvu, več strani trdna ima, težje je zgraditi iz mreža. Začnite z enostavno tisti, in zgraditi na trdih narave.

Kako zgraditi trden od geometrijskega mreža?

Začnite z izdelavo kopije strani, na katerih je sestavljen geometrijsko mreža. Če želite, da okrasite svoje mreža s sklicevanjem na to, ali je barvanje, to storiti, preden ste jo izrezali.

Nato uporabite škarjami previdno izrežemo neto vzdolž polne črte. Včasih dva sosednja obrazi delijo črto v risbi, da je treba rezati. Ta linija bo polna črta.

Ko je obliki izrežemo, start dvokrilna vzdolž črtkanih črt. Uporabite majhne koščke prozoren trak za pritrditev robove skupaj. Ko so vsi robovi posnet skupaj, je vaša obliki končal.

David E. McAdams

Bipodaljšano tristrana antiprizma

1. Izrežite vzdolž polne črte.
2. Zložite na nizajo linij.
3. Zložite nazaj na Prekinjene črte
4. Uporabite jasno trak za pritrditev.

Če želite narisati ali barvno neto, to storiti, preden jo trak skupaj. Če želite, da jo okrasite z lepljenjem na dekoracije, ga zalepite skupaj prvič.

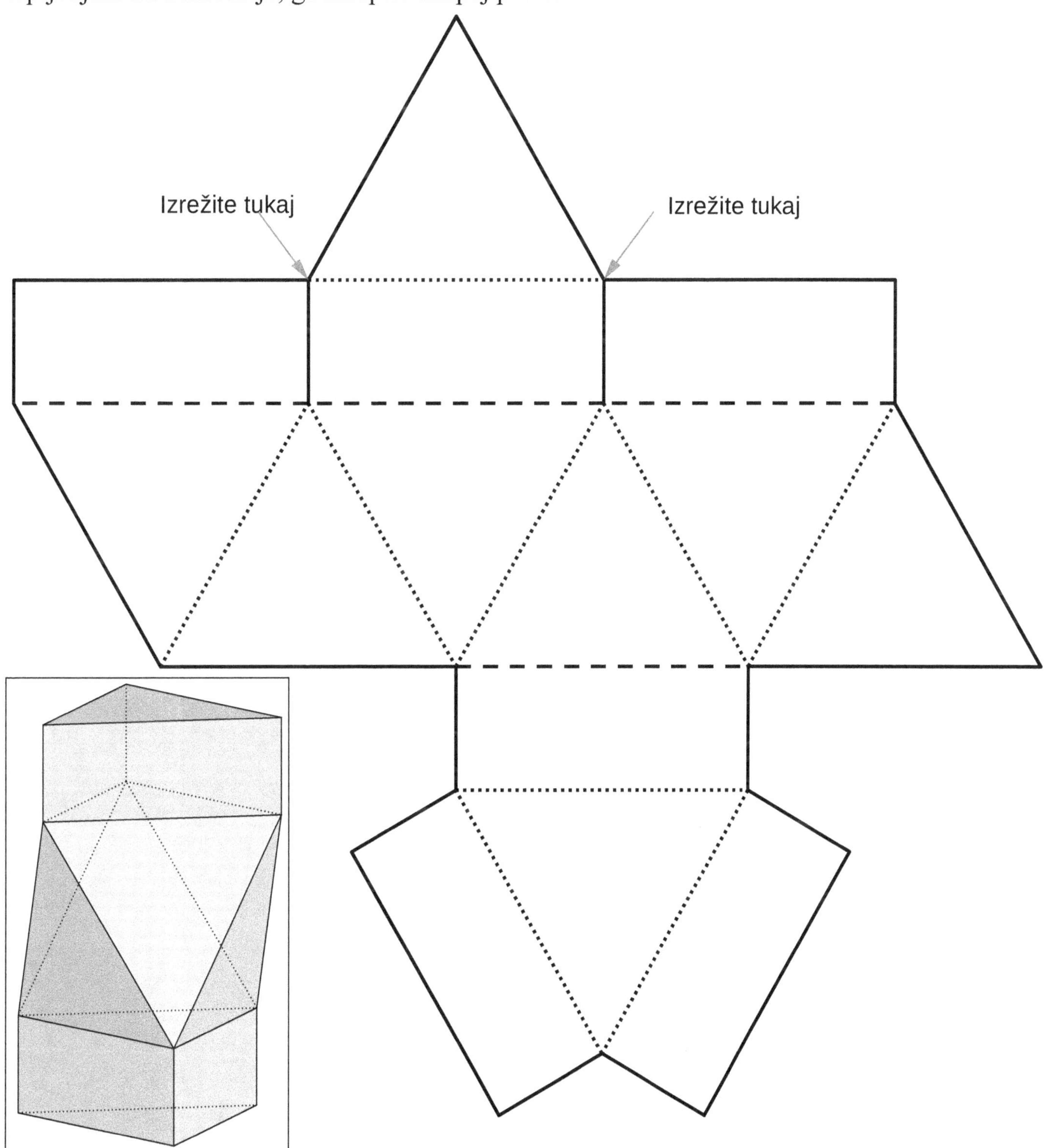

Stožec

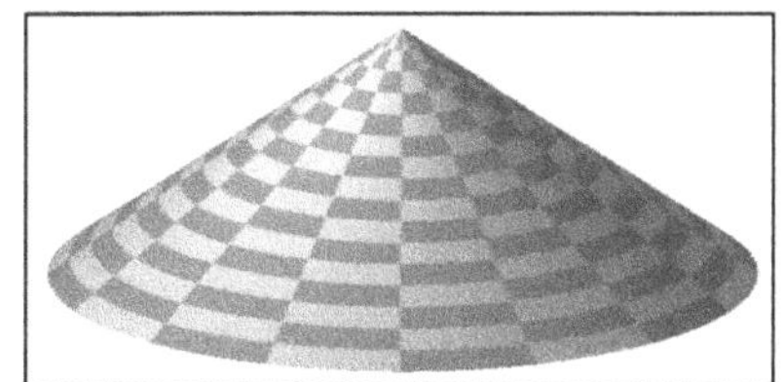

1. Izrežite vzdolž polne črte.
2. Uporaba jasno trak za pritrditev.

Če želite narisati ali barvno
neto, to storiti, preden jo trak
skupaj. Če želite, da jo
okrasite z lepljenjem na
dekoracije, ga zalepite skupaj
prvič.

Kocka

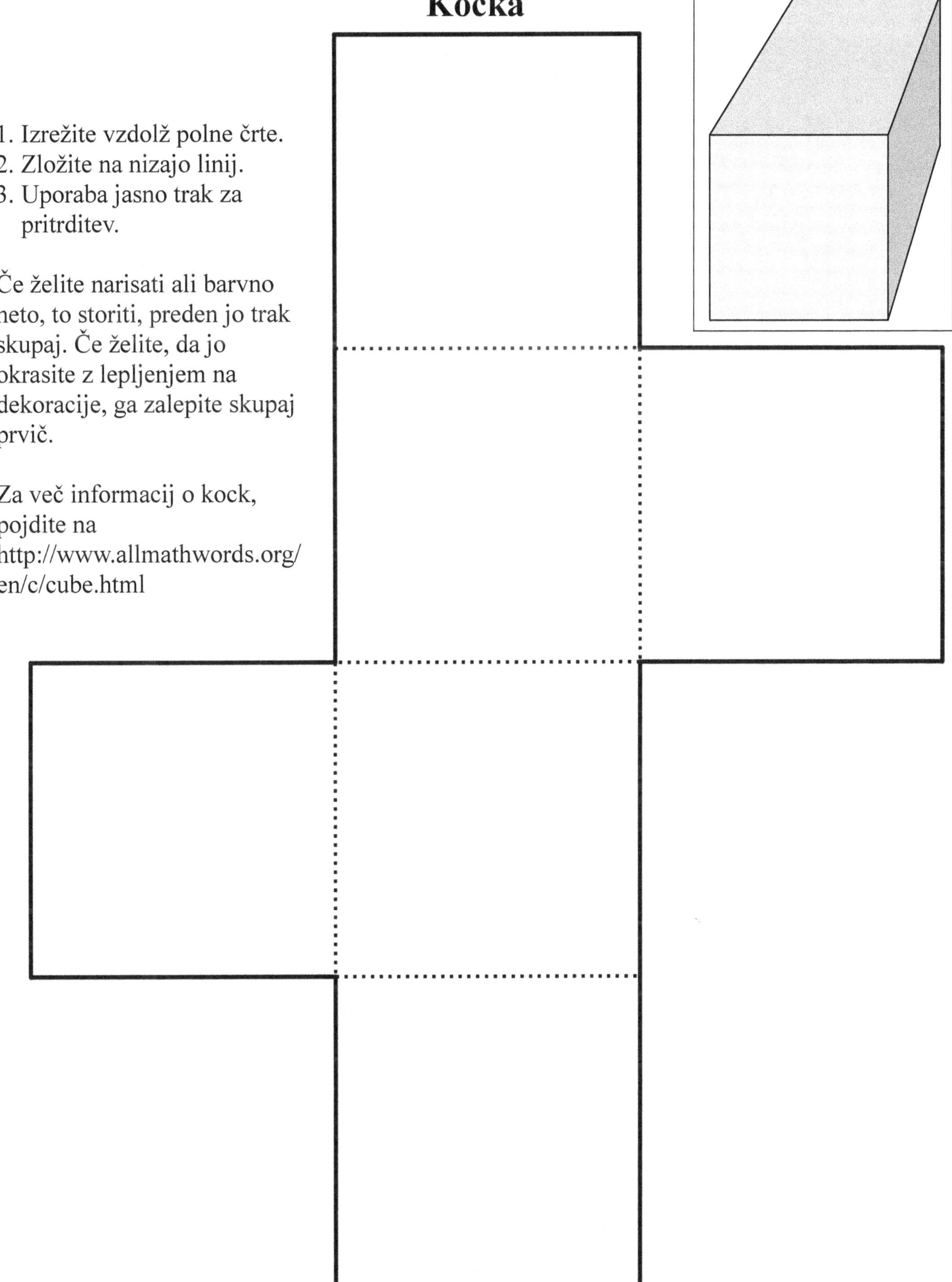

1. Izrežite vzdolž polne črte.
2. Zložite na nizajo linij.
3. Uporaba jasno trak za
   pritrditev.

Če želite narisati ali barvno
neto, to storiti, preden jo trak
skupaj. Če želite, da jo
okrasite z lepljenjem na
dekoracije, ga zalepite skupaj
prvič.

Za več informacij o kock,
pojdite na
http://www.allmathwords.org/
en/c/cube.html

Kubooktaeder

1. Izrežite vzdolž polne črte.
2. Zložite na nizajo linij.
3. Uporaba jasno trak za pritrditev.

Če želite narisati ali barvno neto, to storiti, preden jo trak skupaj. Če želite, da jo okrasite z lepljenjem na dekoracije, ga zalepite skupaj prvič.

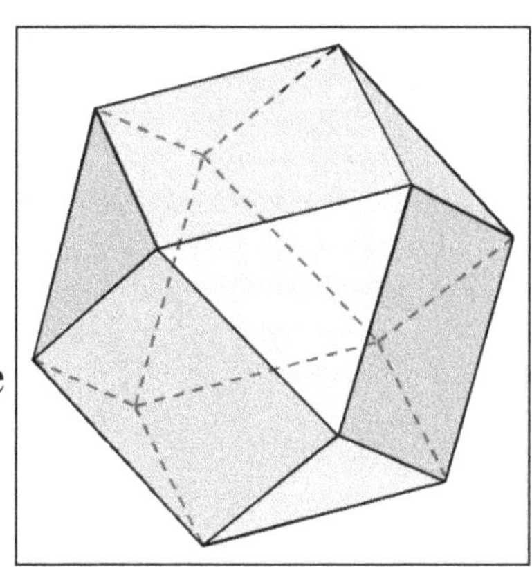

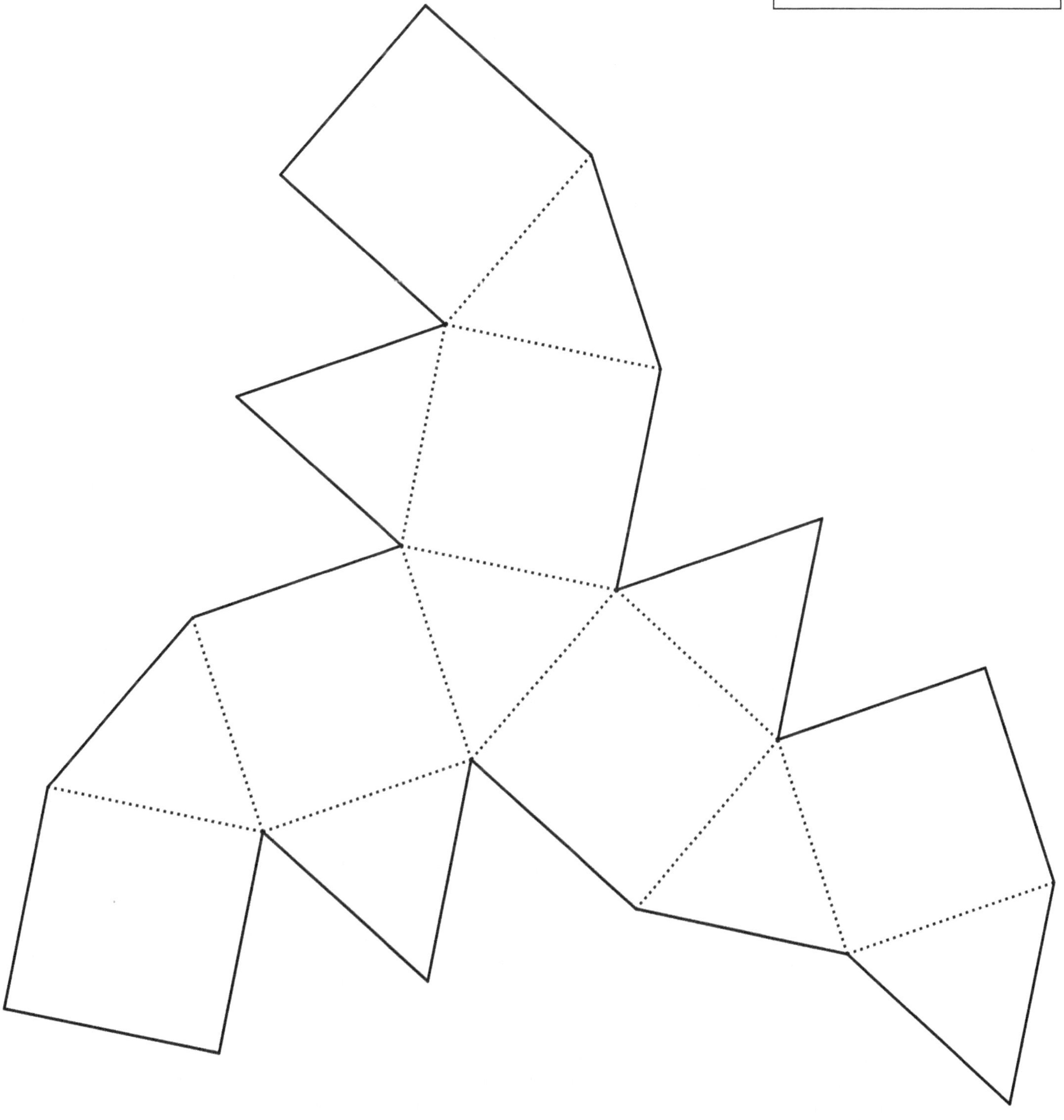

Valj

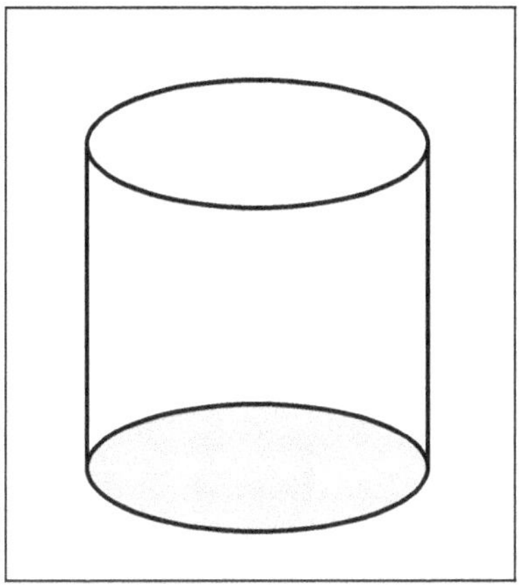

1. Izrežite vzdolž polne črte. Poskusi, da ne cut kroge off pravokotnika.
2. Roll pravokotnik v valj.
3. Zložite kroge navzdol, da se ujemajo z jeklenko.
4. Uporabite jasno trak za pritrditev.

Če želite narisati ali barvno neto, to storiti, preden jo trak skupaj. Če želite, da jo okrasite z lepljenjem na dekoracije, ga zalepite skupaj prvič.

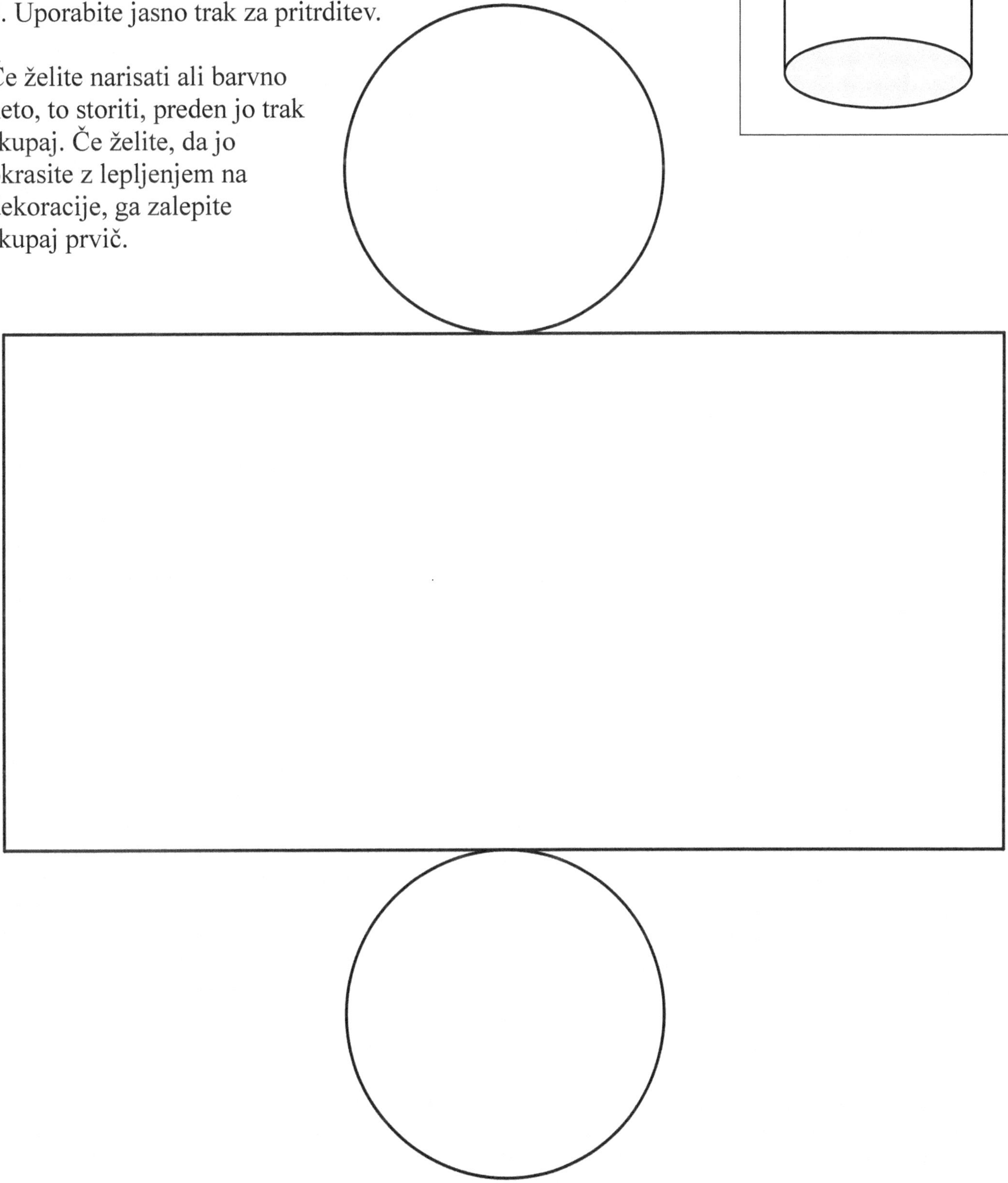

Desetstrana antiprizma

1. Izrežite vzdolž polne črte.
2. Zložite na nizajo linij.
3. Uporaba jasno trak za pritrditev.

Če želite narisati ali
barvno neto, to storiti,
preden jo trak skupaj. Če
želite, da jo okrasite
z lepljenjem na
dekoracije, ga zalepite
skupaj prvič.

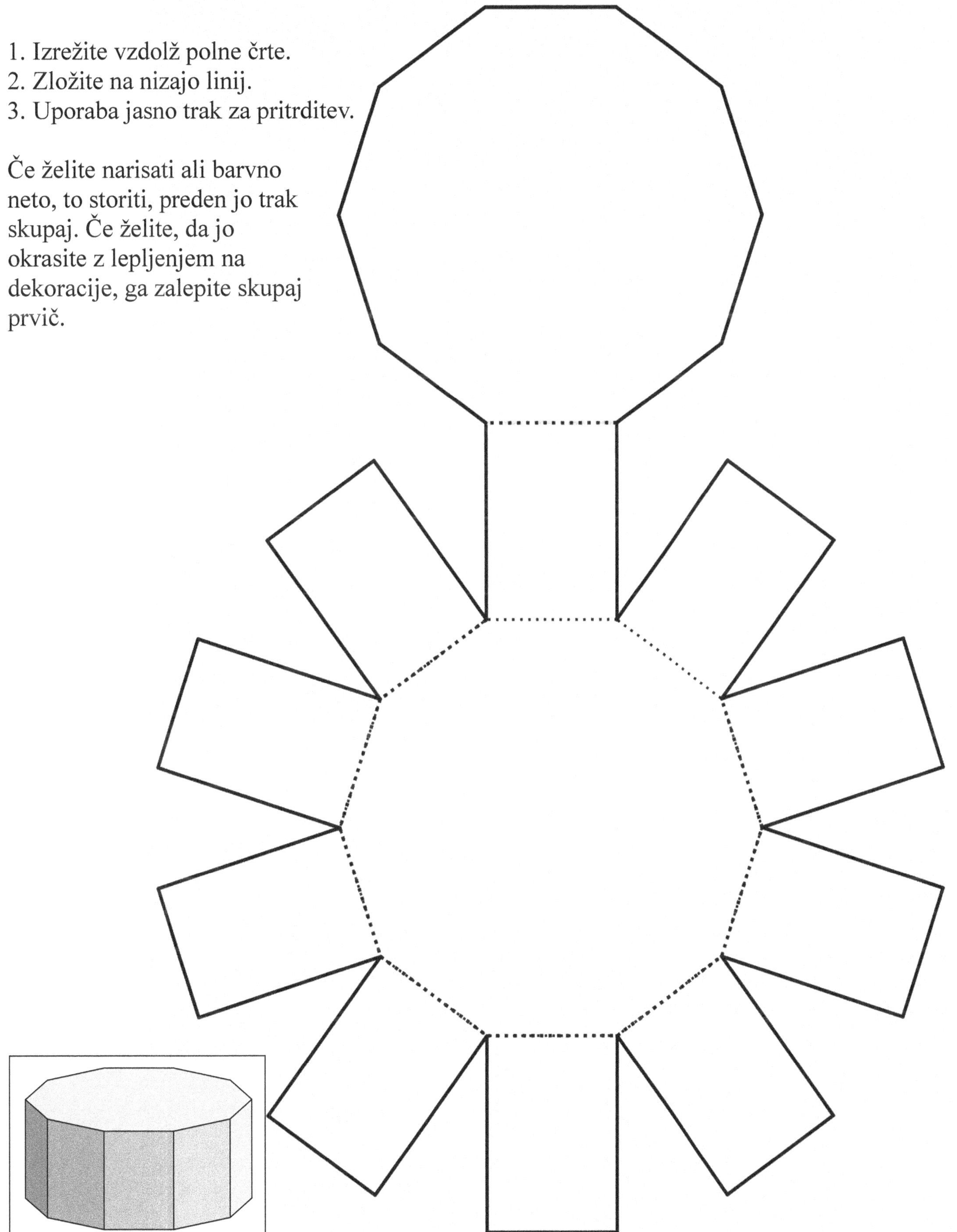

Desetstrana prizma

1. Izrežite vzdolž polne črte.
2. Zložite na nizajo linij.
3. Uporaba jasno trak za pritrditev.

Če želite narisati ali barvno neto, to storiti, preden jo trak skupaj. Če želite, da jo okrasite z lepljenjem na dekoracije, ga zalepite skupaj prvič.

Deltoidni ikozitetraeder

1. Izrežite vzdolž polne črte.
2. Zložite na nizajo linij.
3. Uporaba jasno trak za pritrditev.

Če želite narisati ali barvno neto,
to storiti, preden jo trak skupaj.
Če želite, da jo okrasite z
lepljenjem na dekoracije, ga
zalepite skupaj prvič.

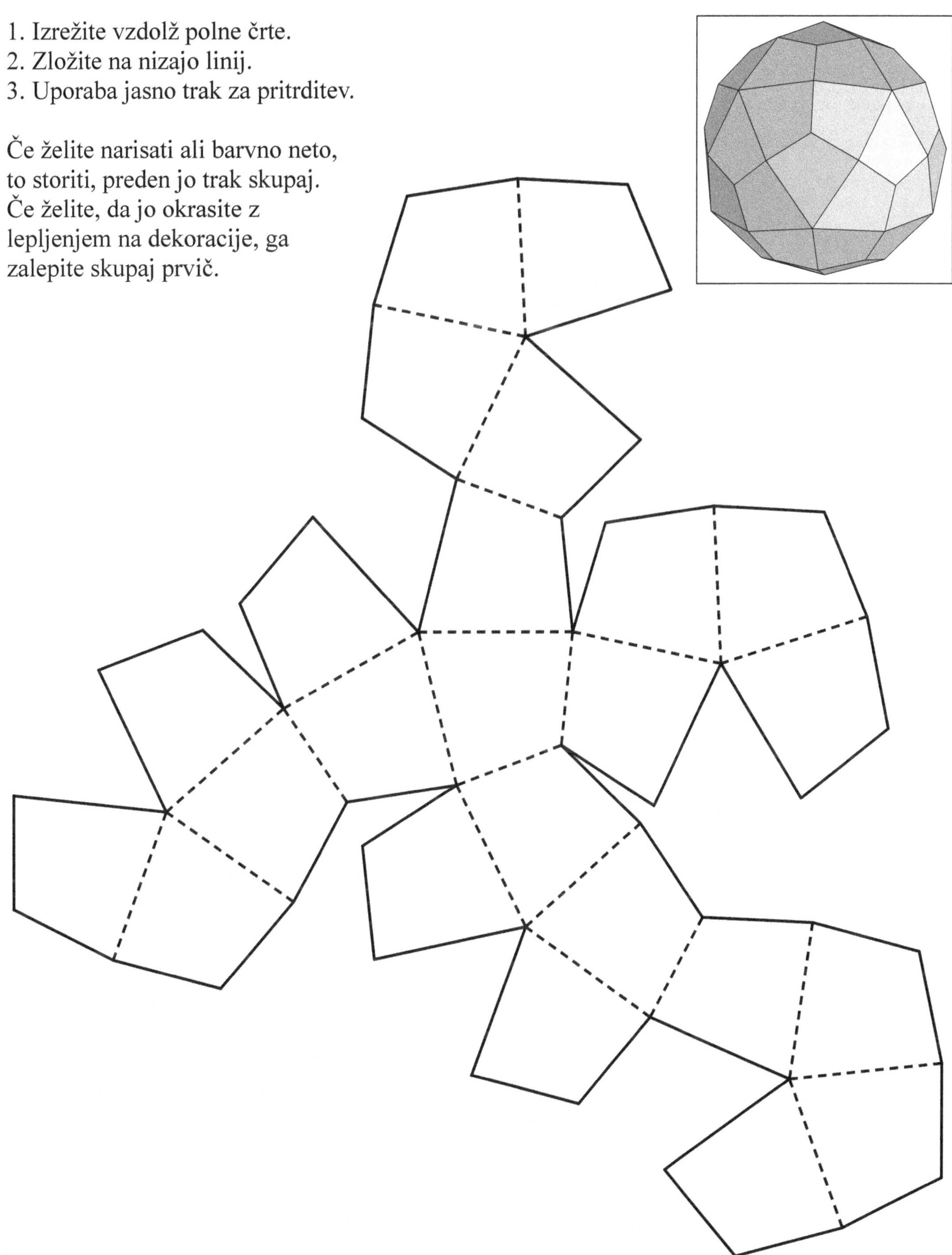

Igralna kocka

1. Izrežite vzdolž polne črte.
2. Zložite na nizajo linij.
3. Uporaba jasno trak za
   pritrditev.

Če želite narisati ali barvno
neto, to storiti, preden jo trak
skupaj. Če želite, da jo
okrasite z lepljenjem na
dekoracije, ga zalepite
skupaj prvič.

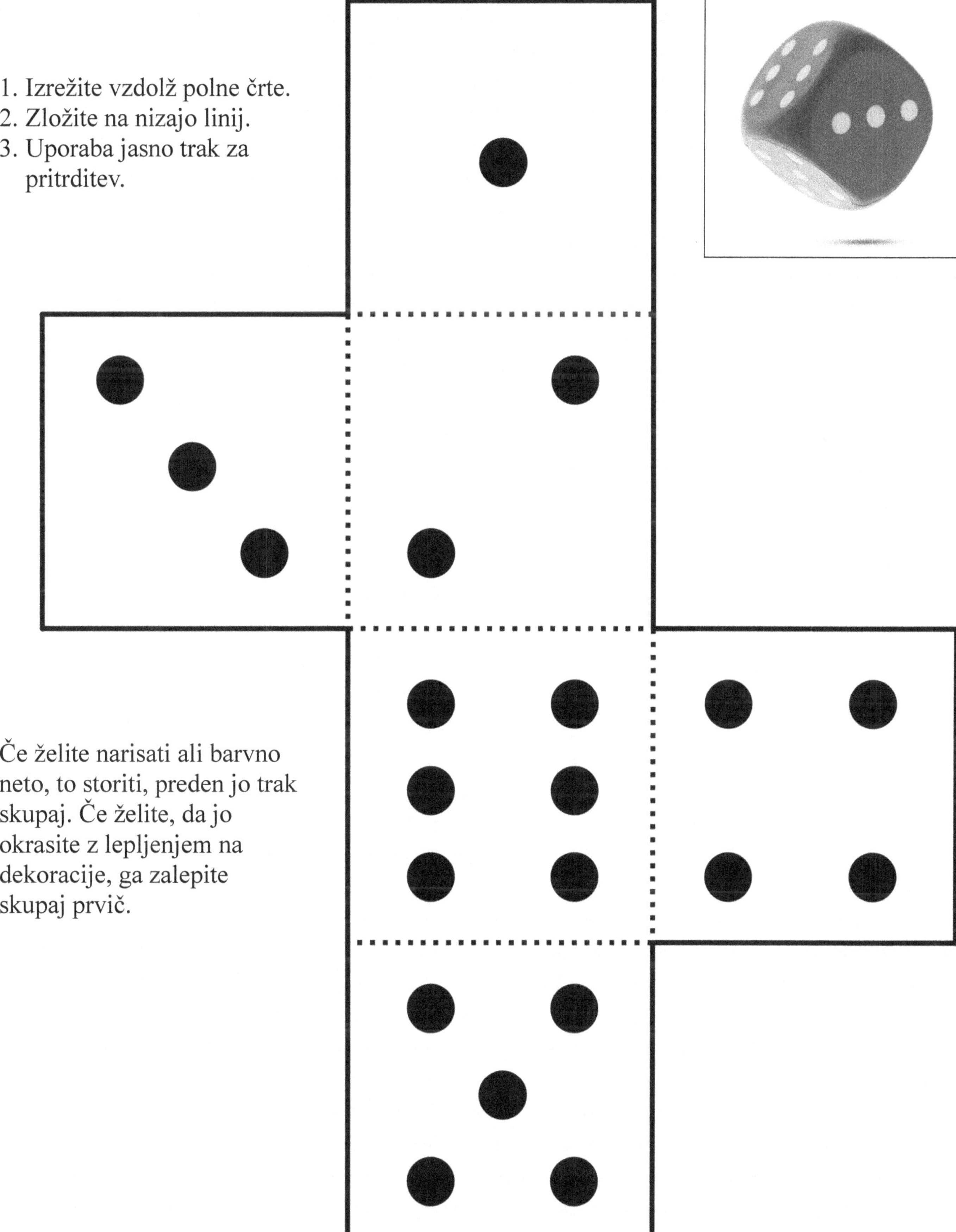

Disdiakisni dodekaeder

1. Izrežite vzdolž polne črte.
2. Zložite na nizajo linij.
3. Uporaba jasno trak za pritrditev.

Če želite narisati ali barvno neto, to storiti, preden jo trak skupaj.
Če želite, da jo okrasite z lepljenjem na dekoracije, ga zalepite
skupaj prvič.

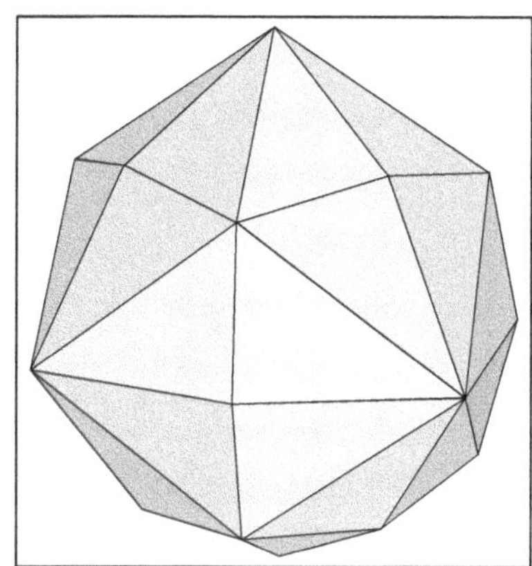

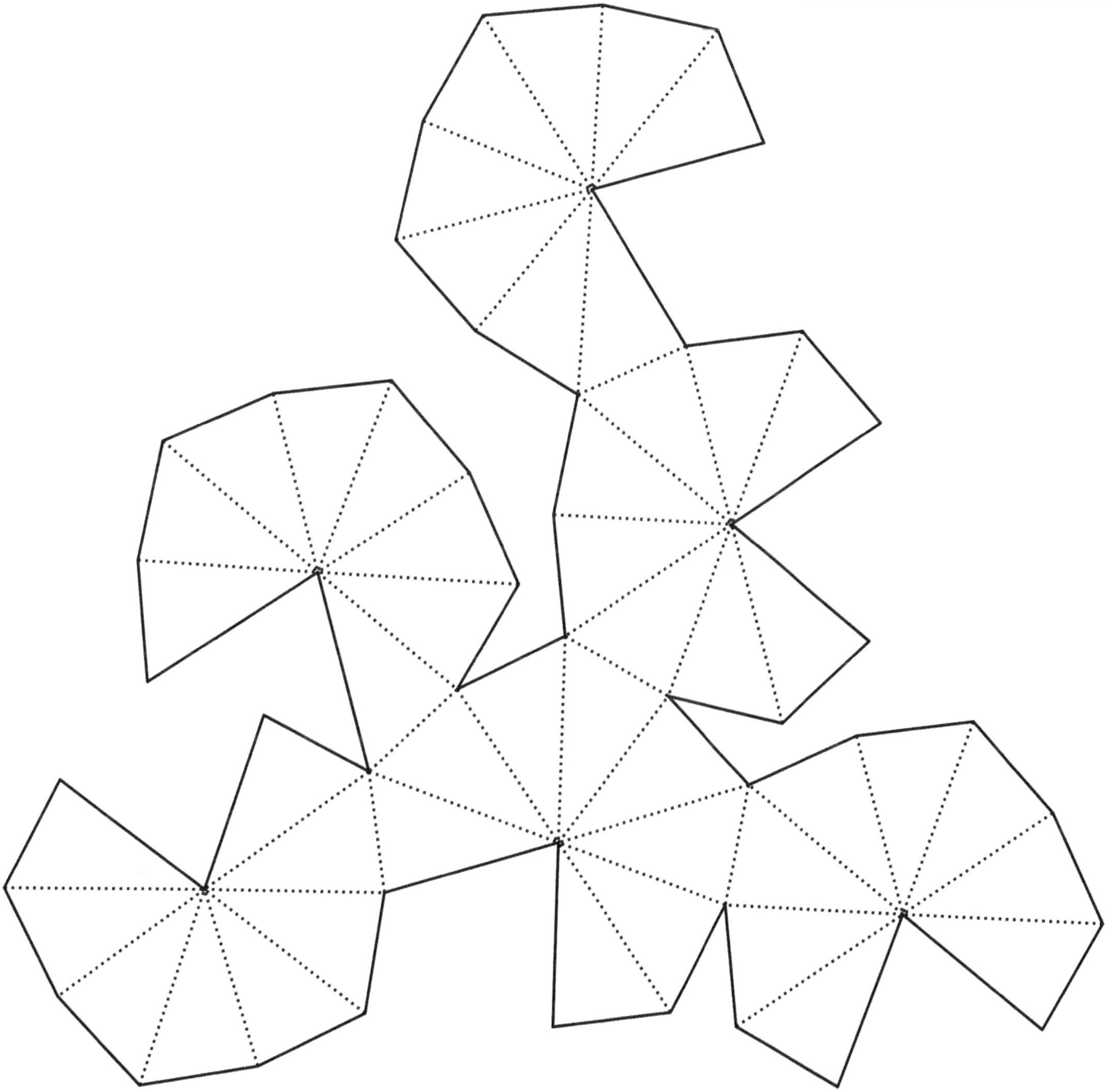

Pravilni dodekaeder

1. Izrežite vzdolž polne črte.
2. Zložite na nizajo linij.
3. Uporaba jasno trak za pritrditev.

Če želite narisati ali barvno neto,
to storiti, preden jo trak
skupaj. Če želite, da jo
okrasite z lepljenjem na
dekoracije, ga zalepite
skupaj prvič.

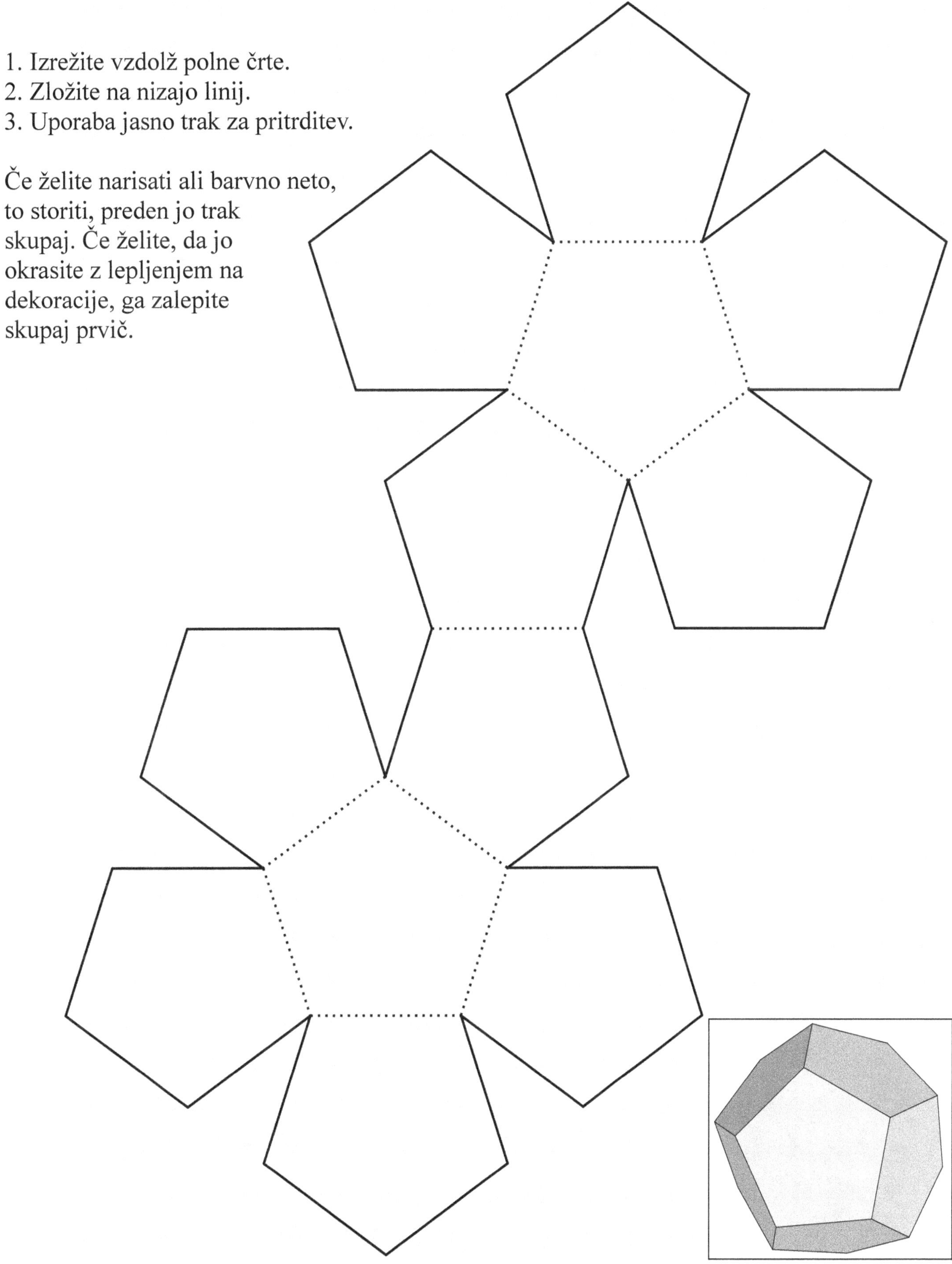

Geometrične mreže

23

Podaljšana petstrana kupola

1. Izrežite vzdolž polne črte.
2. Zložite na nizajo linij.
3. Uporaba jasno trak za pritrditev.

Če želite narisati ali barvno
neto, to storiti, preden jo trak
skupaj. Če želite, da jo
okrasite z lepljenjem na
dekoracije, ga zalepite skupaj
prvič.

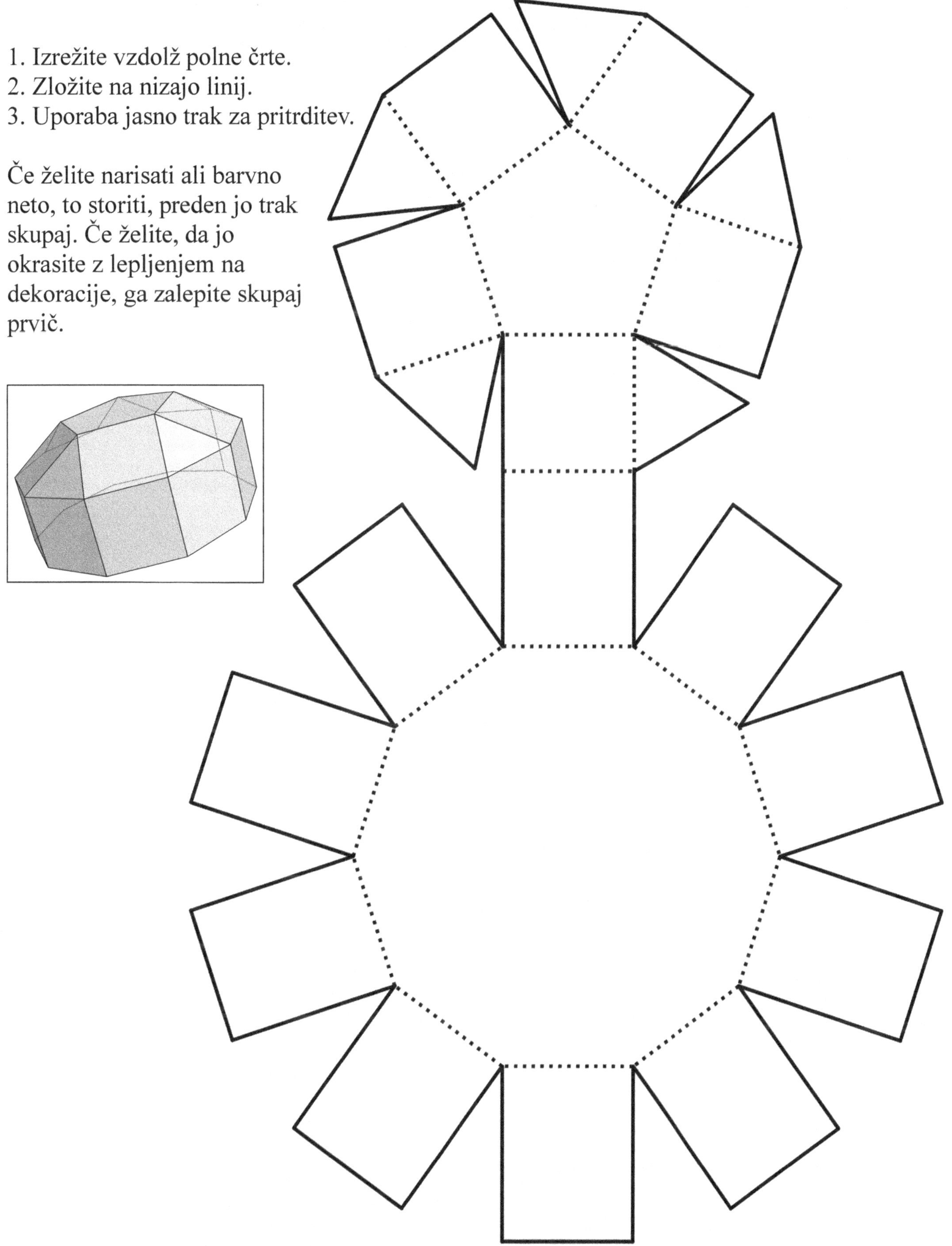

Podaljšana petstrana bipiramida

1. Izrežite vzdolž polne črte.
2. Zložite na nizajo linij.
3. Uporaba jasno trak za pritrditev.

Če želite narisati ali barvno neto, to storiti, preden jo trak skupaj. Če želite, da jo okrasite z lepljenjem na dekoracije, ga zalepite skupaj prvič.

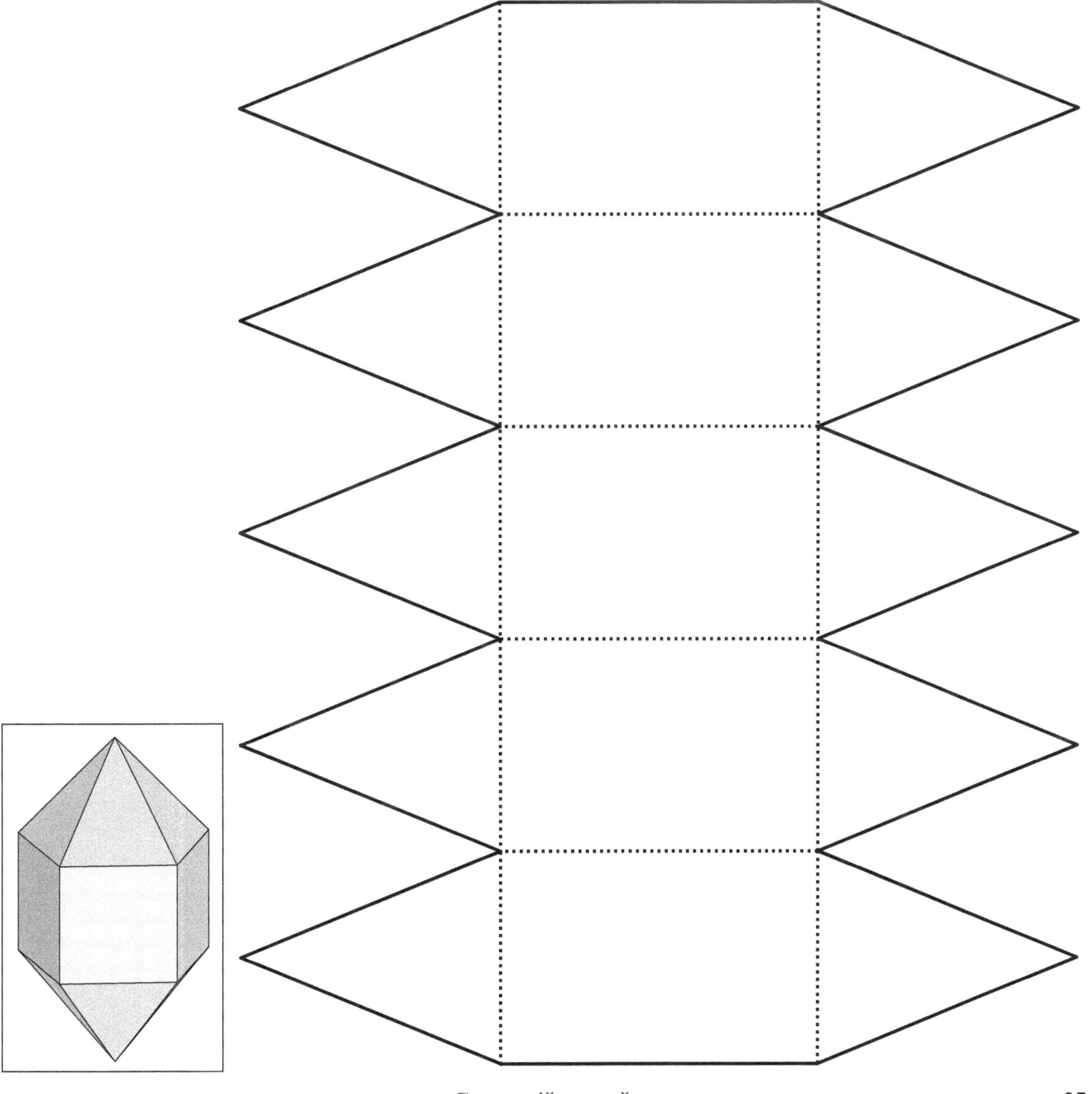

Podaljšana petstrana piramida

1. Izrežite vzdolž polne črte.
2. Zložite na nizajo linij.
3. Uporaba jasno trak za
   pritrditev.

Če želite narisati ali barvno
neto, to storiti, preden jo trak
skupaj. Če želite, da jo okrasite
z lepljenjem na dekoracije, ga
zalepite skupaj prvič.

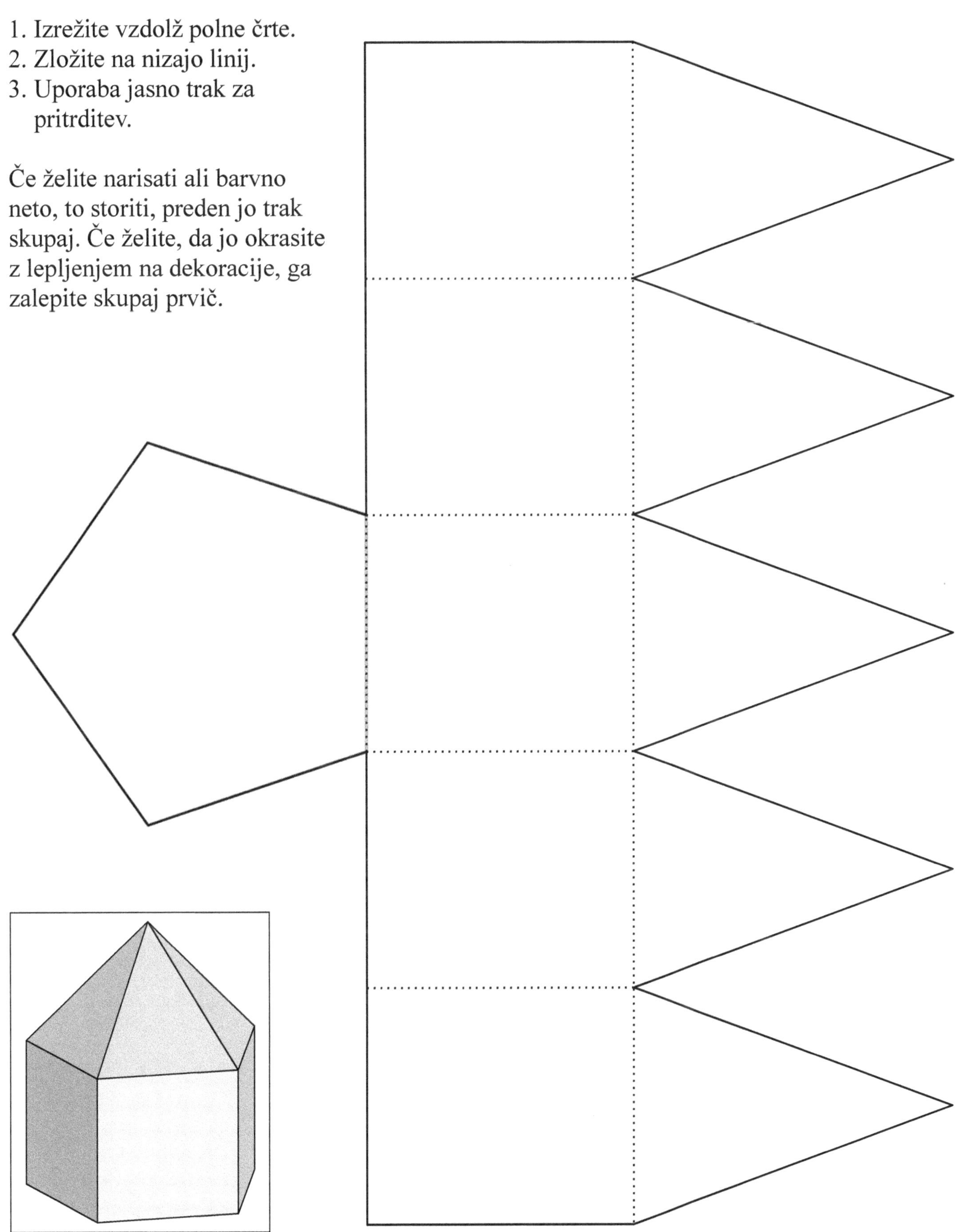

Podaljšana kvadratna bipiramida

1. Izrežite vzdolž polne črte.
2. Zložite na nizajo linij.
3. Uporaba jasno trak
   a pritrditev.

Če želite narisati
ali barvno neto, to
storiti, preden jo trak
skupaj. Če želite, da jo
okrasite z lepljenjem na
dekoracije, ga zalepite skupaj
prvič.

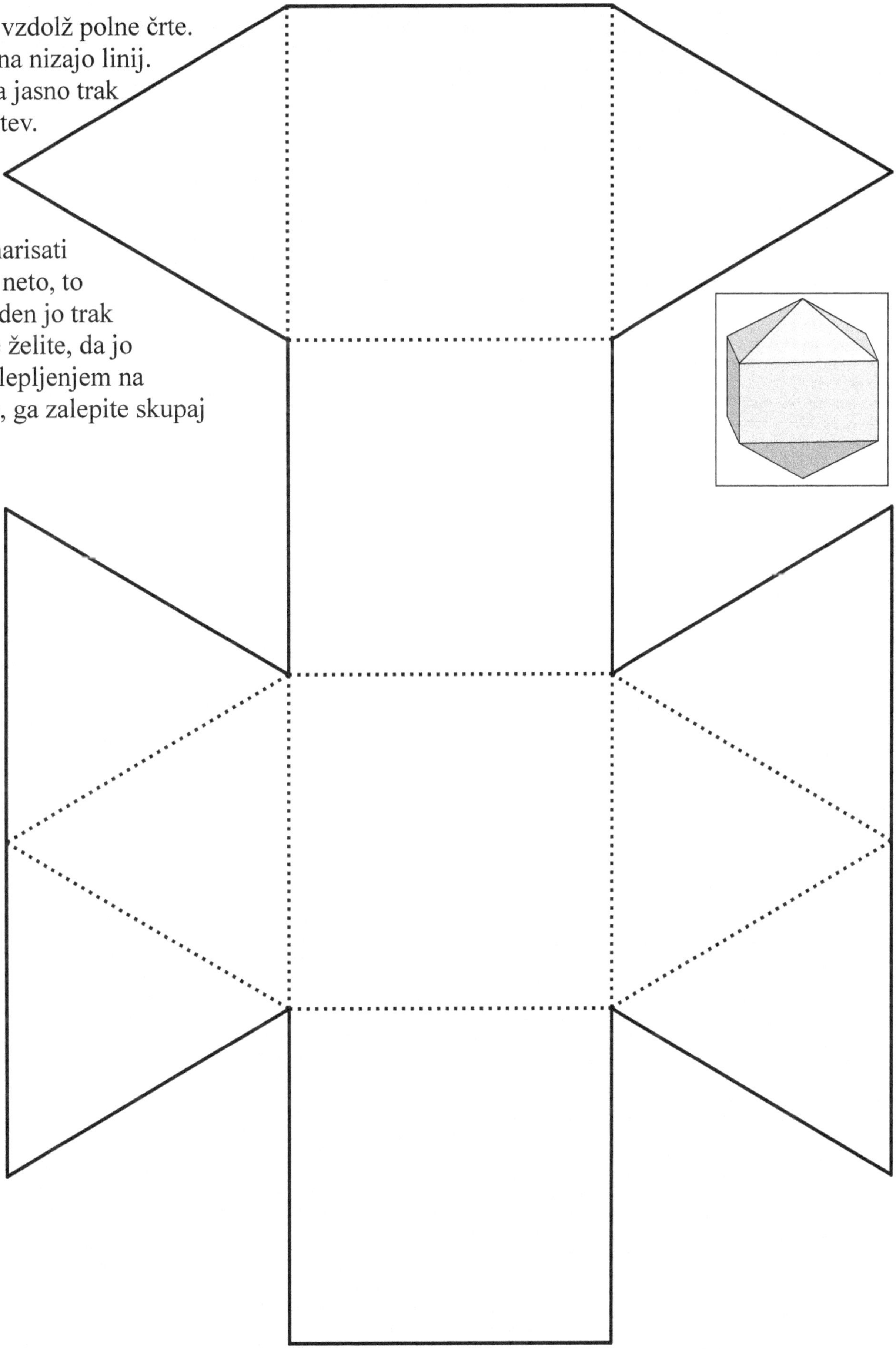

Podaljšana kvadratna piramida

1. Izrežite vzdolž polne črte.
2. Zložite na nizajo linij.
3. Uporaba jasno trak za pritrditev.

Če želite narisati ali barvno neto, to storiti, preden jo trak skupaj. Če želite, da jo okrasite z lepljenjem na dekoracije, ga zalepite skupaj prvič.

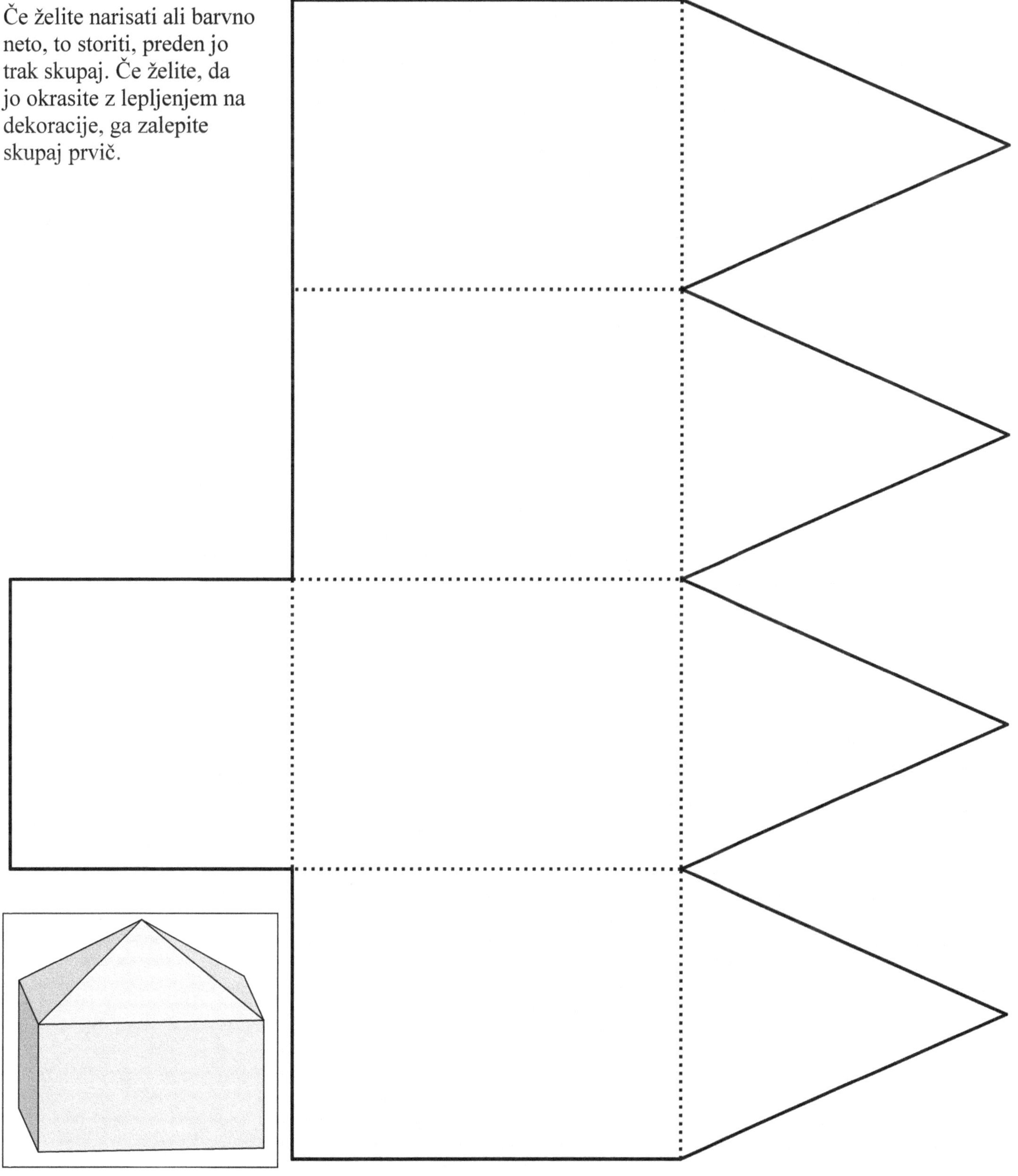

Podaljšana trikotni antiprizma

1. Izrežite vzdolž polne črte.
2. Zložite na nizajo linij.
3. Zložite nazaj na Prekinjene črte
4. Uporabite jasno trak za pritrditev.

Če želite narisati ali barvno neto, to storiti,
preden jo trak skupaj. Če želite, da jo
okrasite z lepljenjem na dekoracije, ga
zalepite skupaj prvič. en.wiki

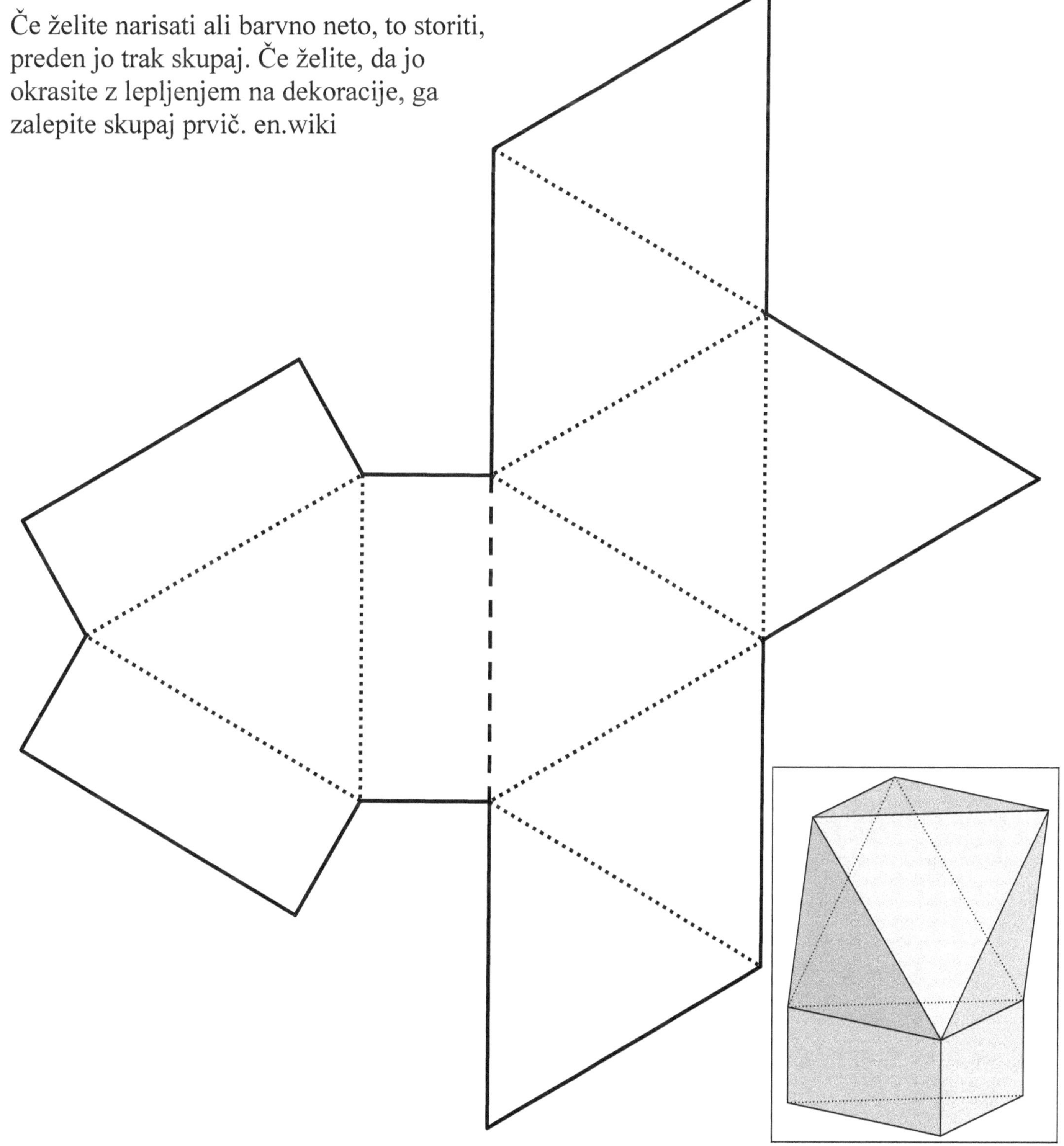

Podaljšana tristrana kupola

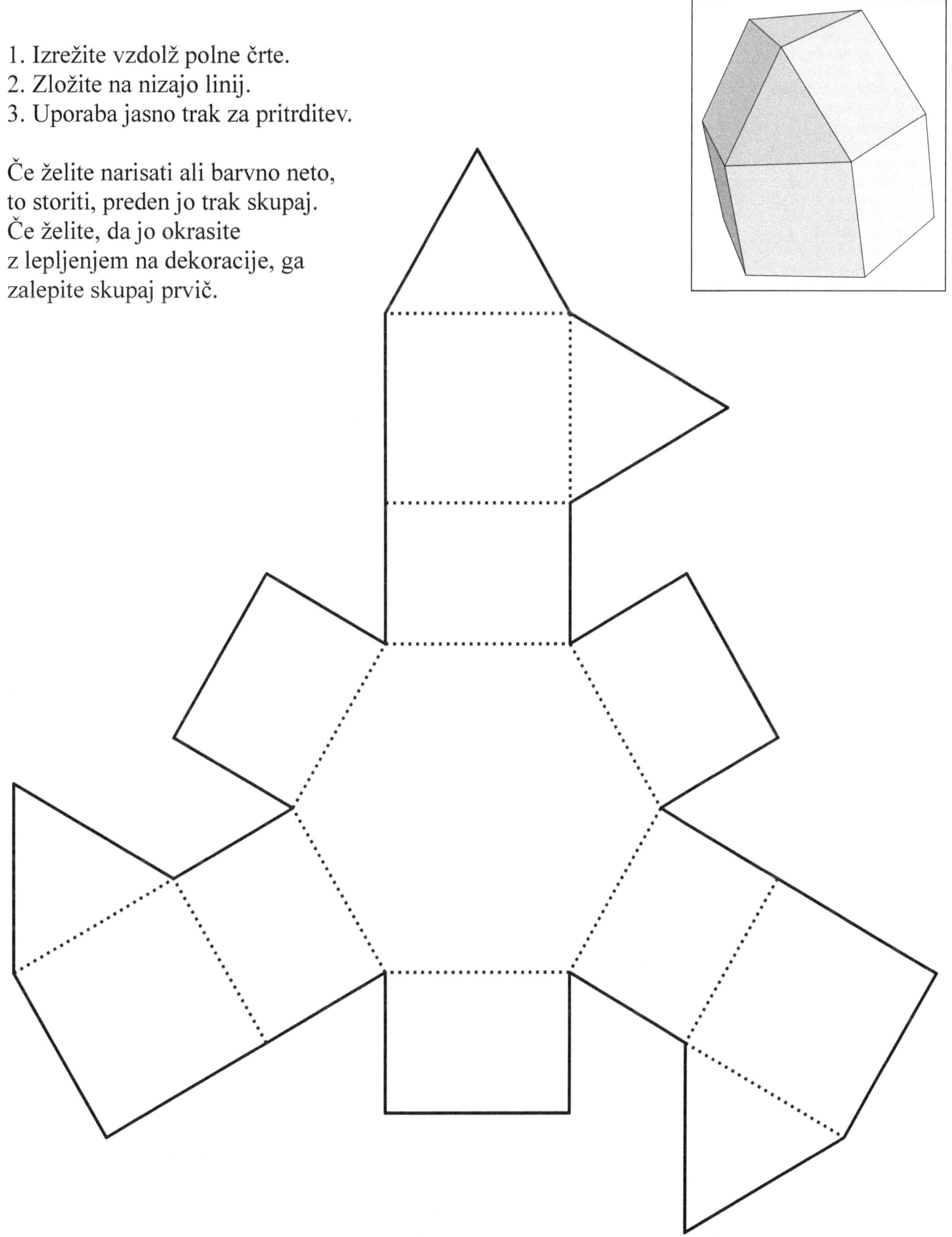

1. Izrežite vzdolž polne črte.
2. Zložite na nizajo linij.
3. Uporaba jasno trak za pritrditev.

Če želite narisati ali barvno neto,
to storiti, preden jo trak skupaj.
Če želite, da jo okrasite
z lepljenjem na dekoracije, ga
zalepite skupaj prvič.

Podaljšana tristrana bipiramida

1. Izrežite vzdolž polne črte.
2. Zložite na nizajo linij.
3. Uporaba jasno trak za pritrditev.

Če želite narisati ali barvno neto, to storiti, preden jo trak skupaj. Če želite, da jo okrasite z lepljenjem na dekoracije, ga zalepite skupaj prvič.

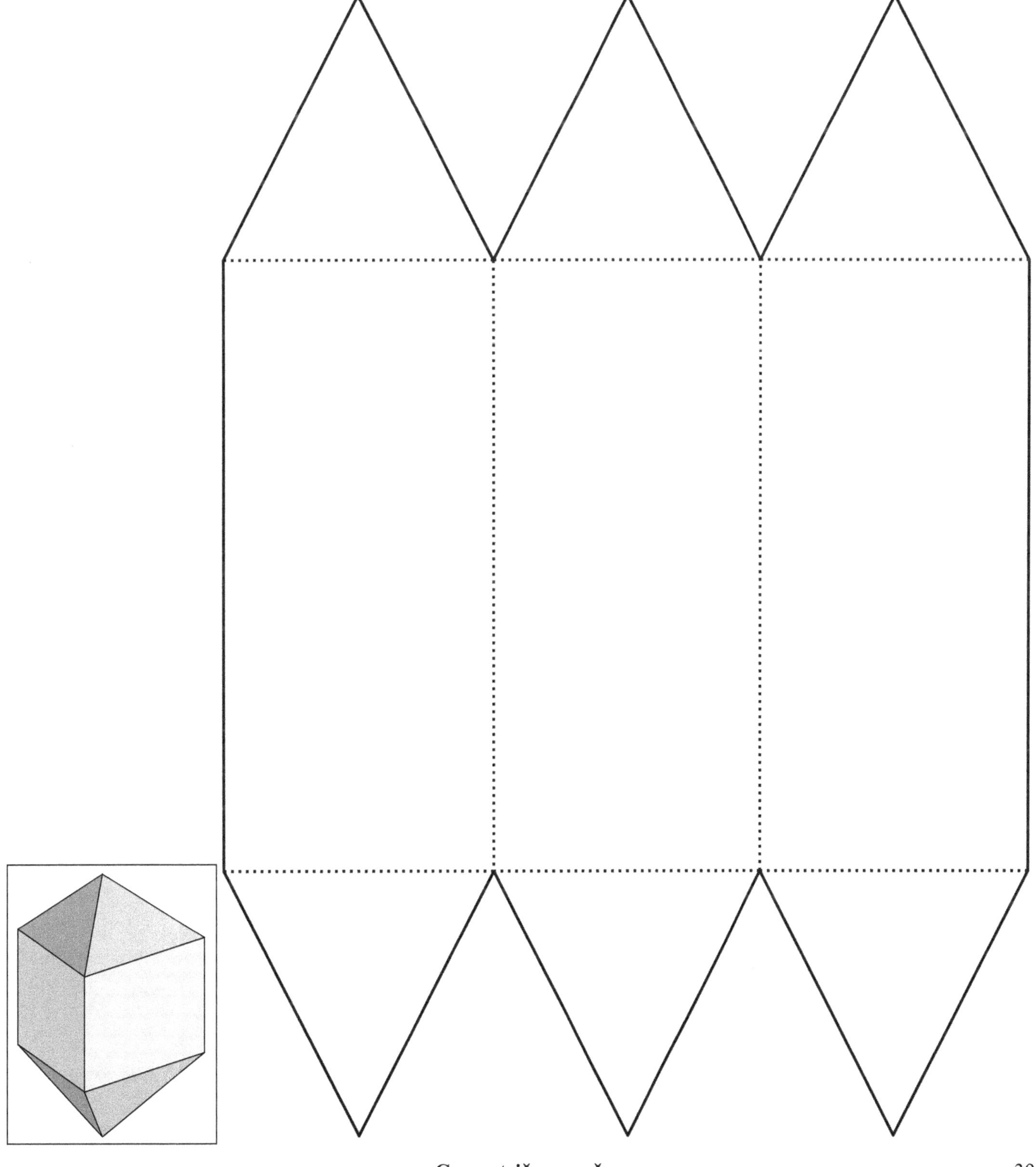

Podaljšana tristrana piramida

1. Izrežite vzdolž polne črte.
2. Zložite na nizajo linij.
3. Uporaba jasno trak za pritrditev.

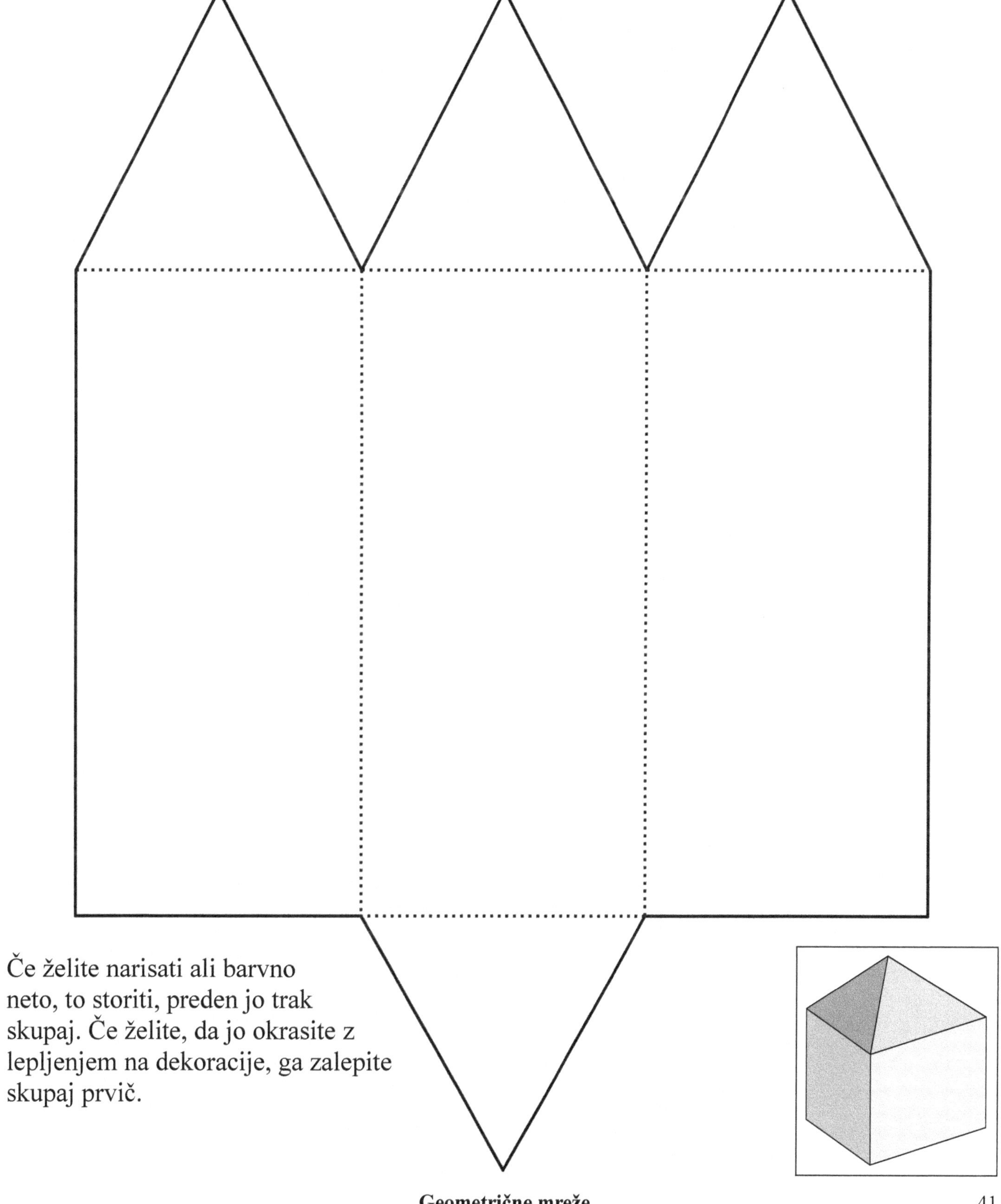

Če želite narisati ali barvno
neto, to storiti, preden jo trak
skupaj. Če želite, da jo okrasite z
lepljenjem na dekoracije, ga zalepite
skupaj prvič.

Prisekana iz desetstrana piramide

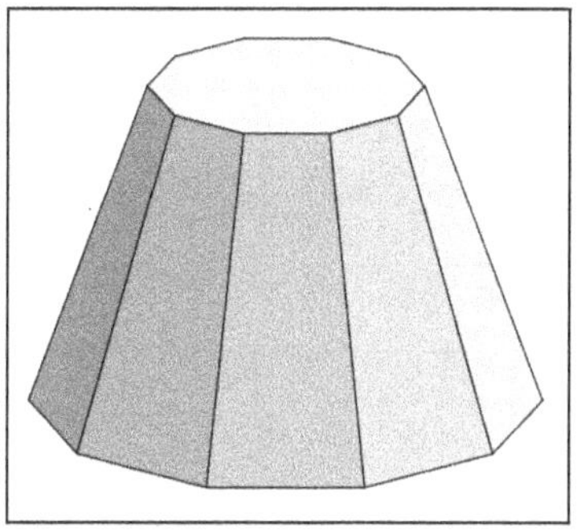

1. Izrežite vzdolž polne črte.
4. Zložite na nizajo linij.
5. Uporaba jasno trak za pritrditev.

Če želite narisati ali barvno neto,
to storiti, preden jo trak skupaj.
Če želite, da jo okrasite
z lepljenjem na dekoracije, ga
zalepite skupaj prvič.

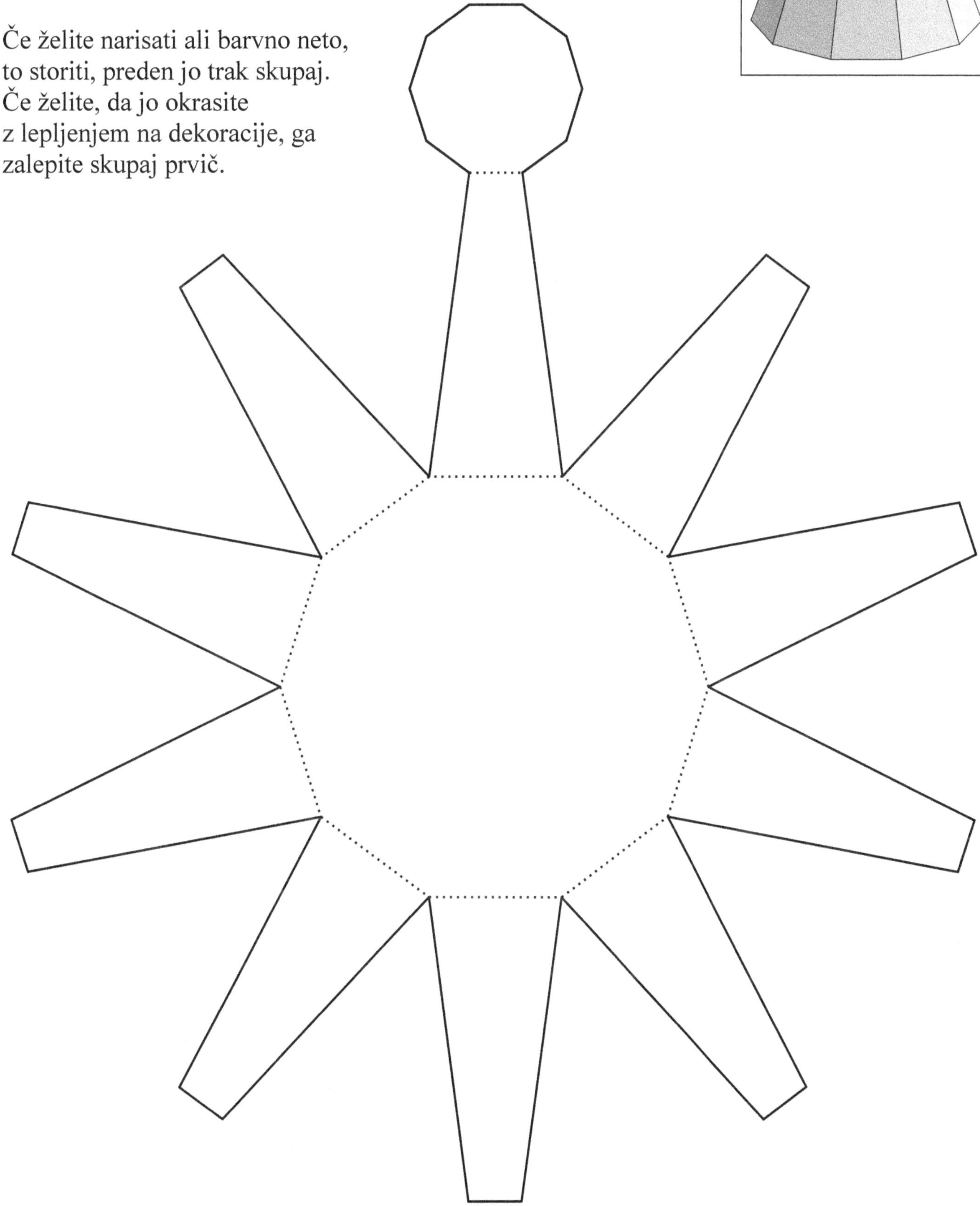

Prisekana štirikotne piramide

1. Izrežite vzdolž polne črte.
2. Zložite na nizajo linij.
3. Uporaba jasno trak za pritrditev.

Če želite narisati ali barvno neto, to
storiti, preden jo trak skupaj. Če
želite, da jo okrasite z lepljenjem
na dekoracije, ga zalepite skupaj prvič.

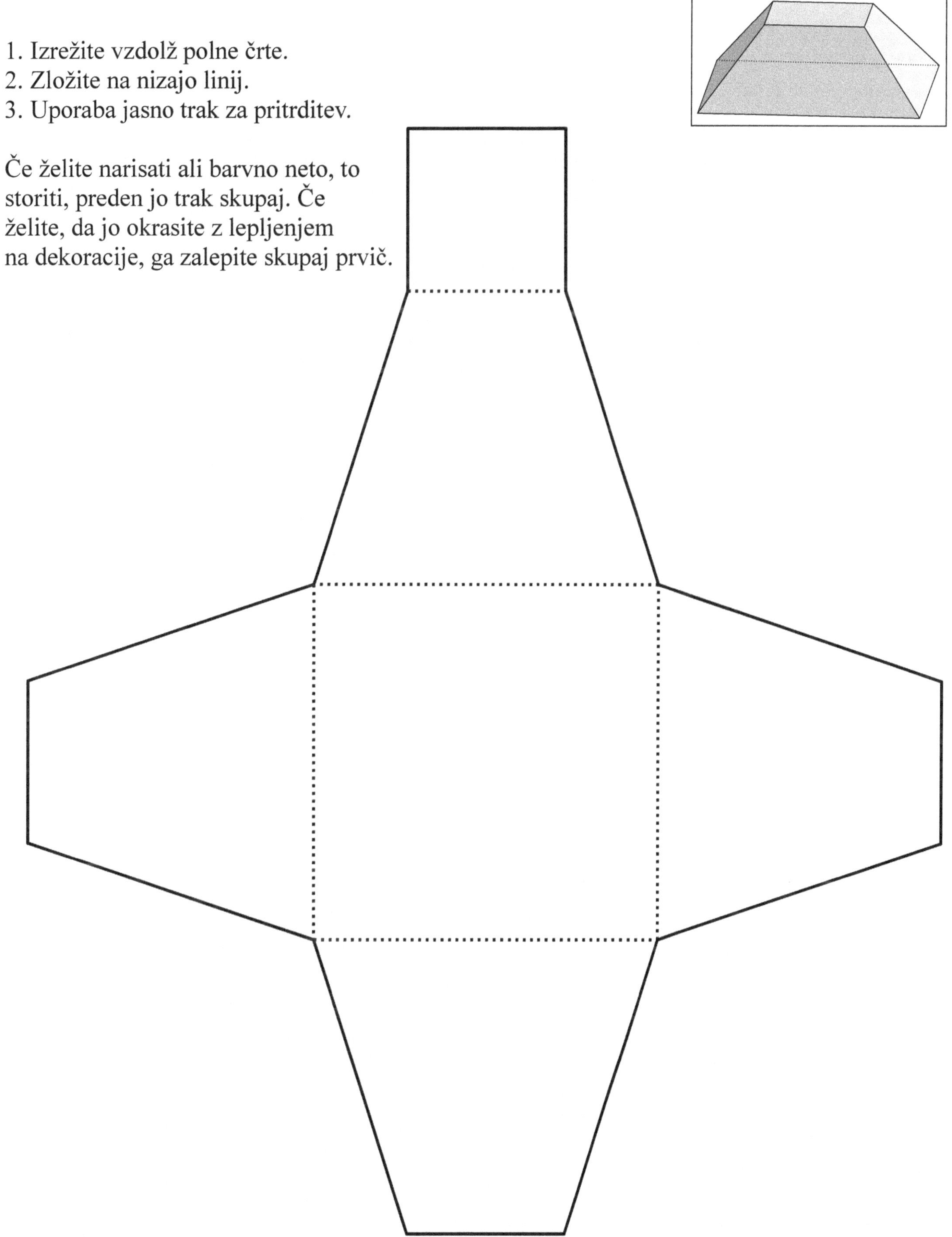

Prisekana trikotne piramide

1. Izrežite vzdolž polne črte.
2. Zložite na nizajo linij.
3. Uporaba jasno trak za pritrditev.

Če želite narisati ali barvno neto, to storiti, preden jo trak skupaj.
Če želite, da jo okrasite z lepljenjem na dekoracije, ga zalepite
skupaj prvič.

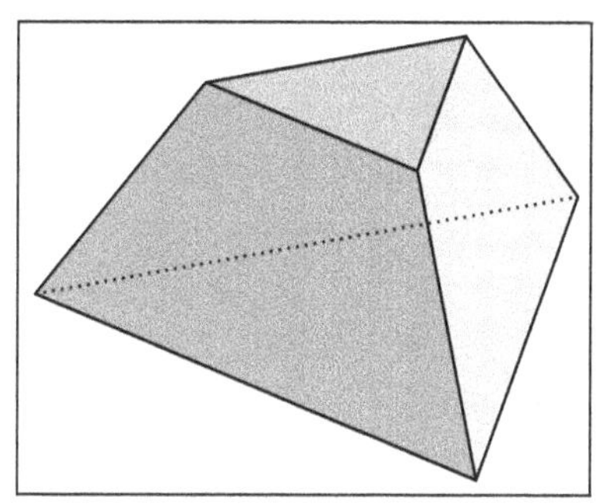

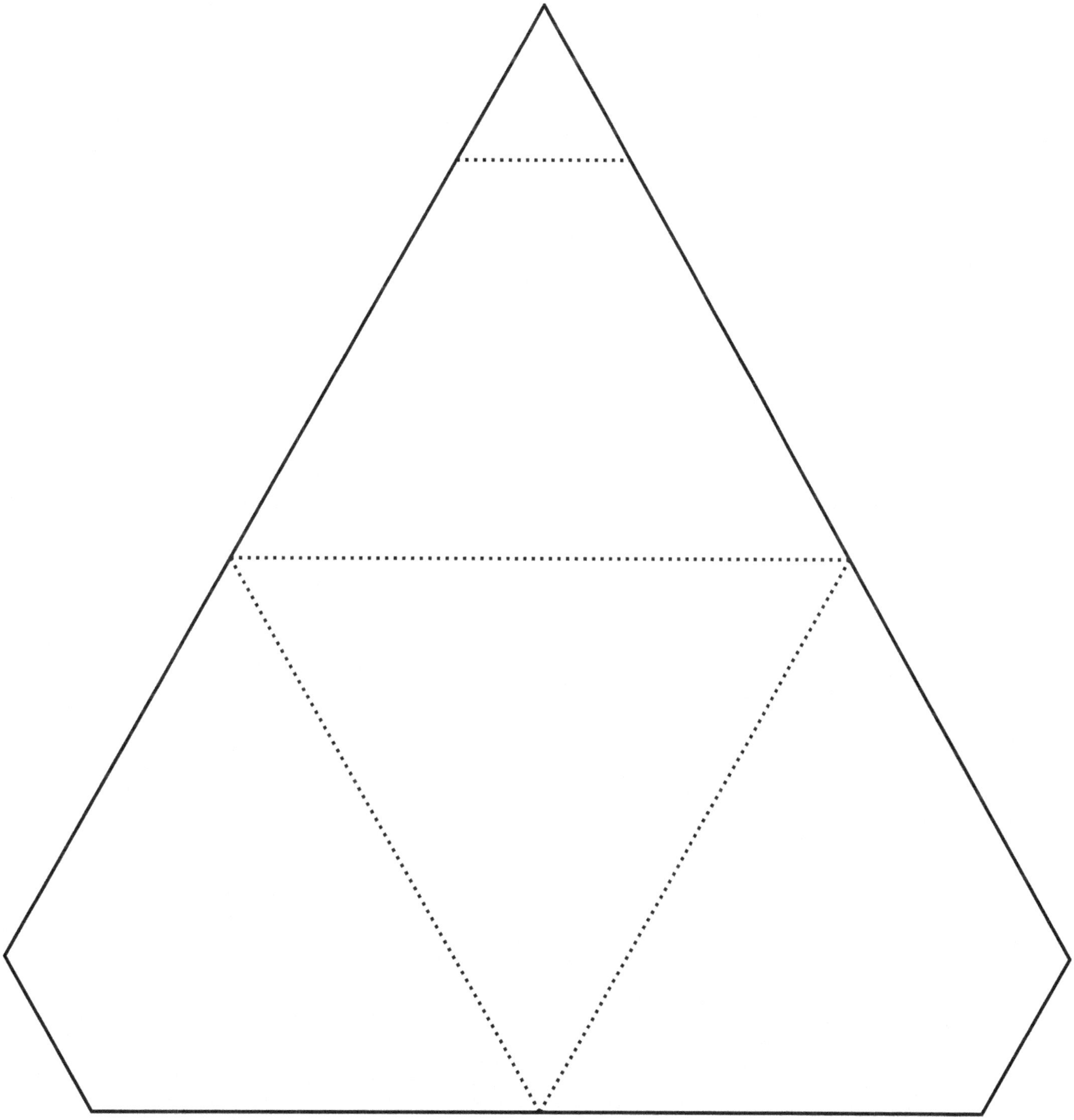

Veliki dodekaeder

1. Zrežite vzdolž polne črte.
2. Zložite na nizajo linij.
3. Zložite nazaj na Prekinjene črte
4. Uporabite jasno trak za pritrditev.

Če želite narisati ali barvno neto, to storiti, preden jo trak skupaj. Če želite, da jo okrasite z lepljenjem na dekoracije, ga zalepite skupaj prvič.

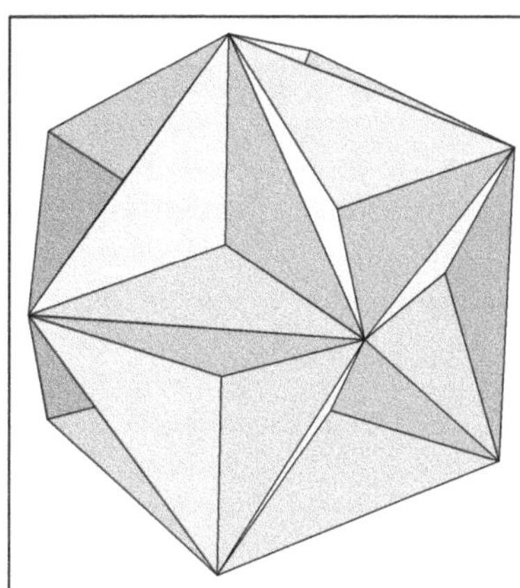

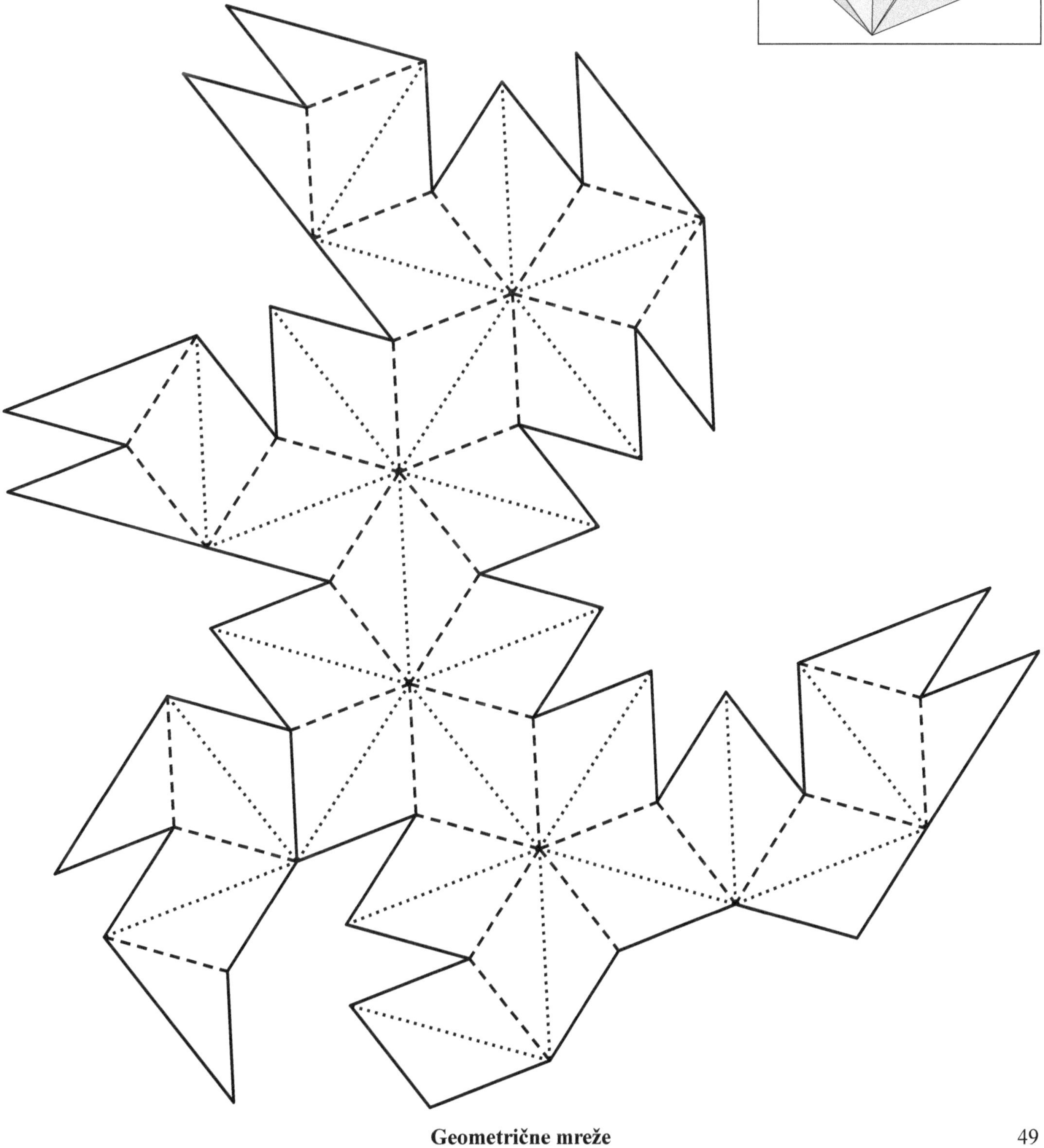

Veliki zvezdni dodekaeder

1. To je geometrijska mreža ima dva dela. Polovica je na tej strani, in polovica na naslednjo.
2. Izrežite obeh delov iz vzdolž polne črte.
3. Trak dve deli skupaj na etiketi "A".
4. Zložite na Prekinjene črte.
5. Uporaba jasno trak za pritrditev.

Če želite narisati ali barvno mreža, to storiti, preden jo trak skupaj. Če želite, da jo okrasite z lepljenjem na dekoracije, ga zalepite skupaj prvič.

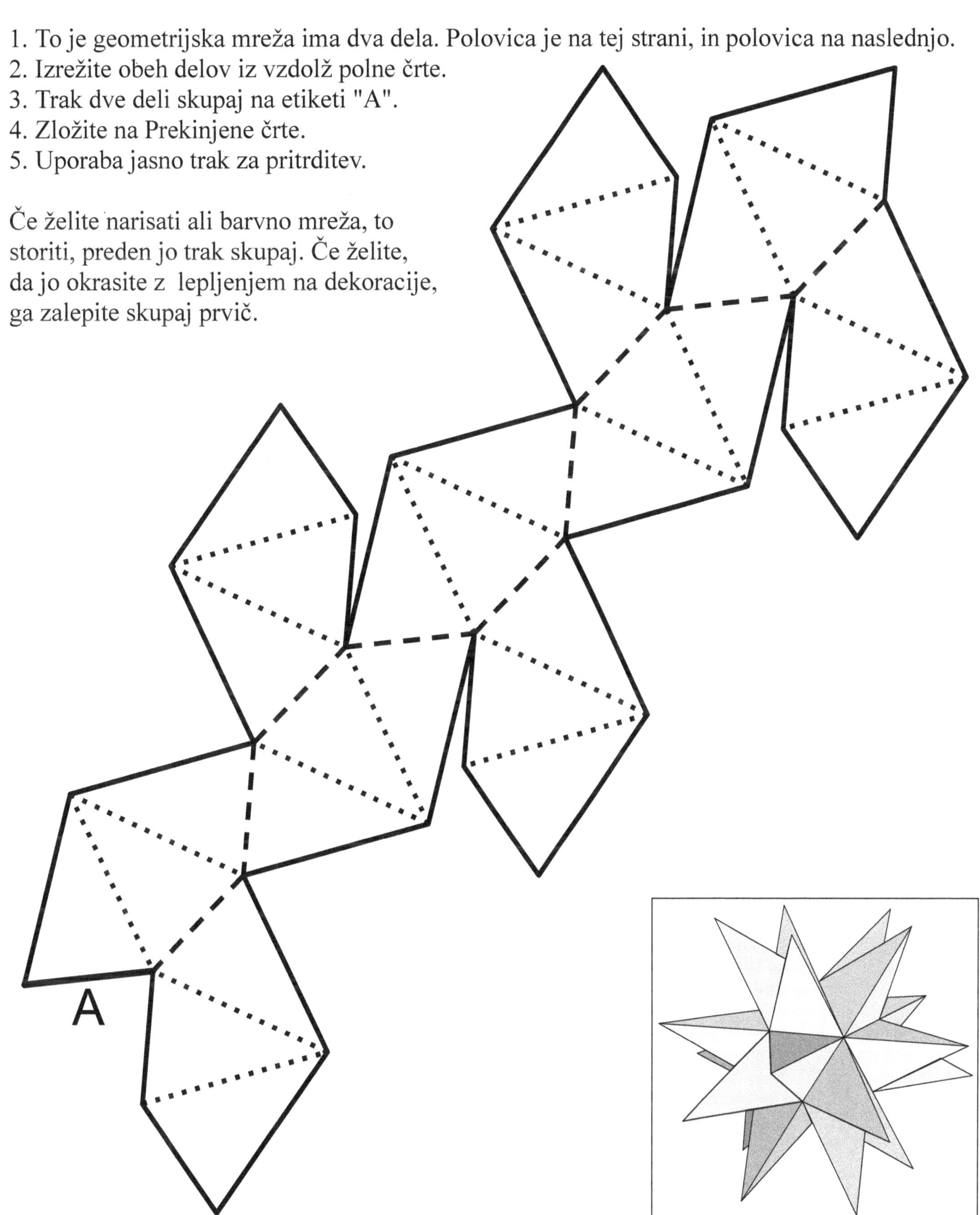

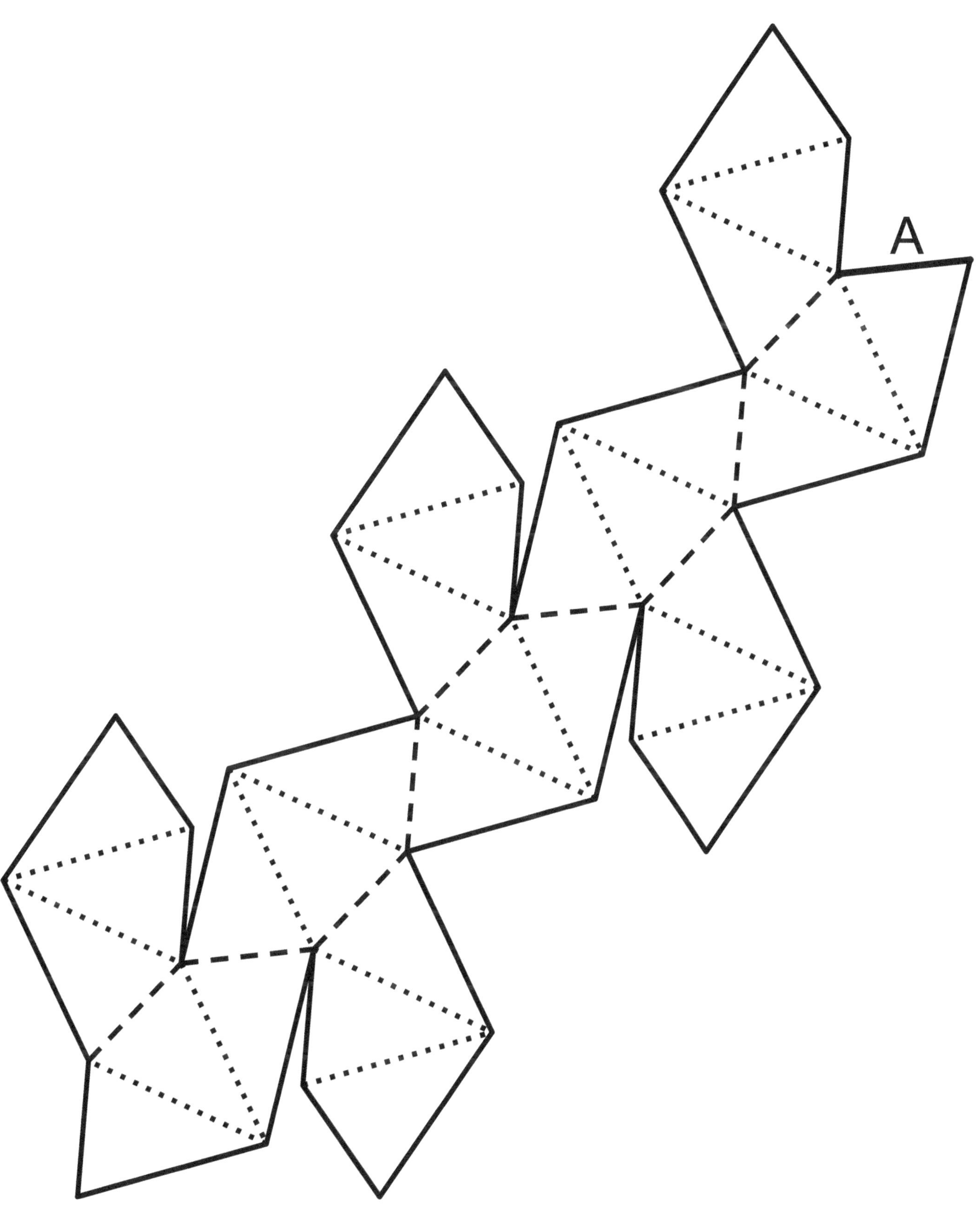

A

Giro podaljšana petstrana piramida

1. Izrežite vzdolž polne črte.
2. Zložite na nizajo linij.
3. Uporaba jasno trak za pritrditev.

Če želite narisati ali barvno neto, to storiti, preden jo trak skupaj. Če želite, da jo okrasite z lepljenjem na dekoracije, ga zalepite skupaj prvič.

Giro podaljšana kvadratna bipiramida

1. Izrežite vzdolž polne črte.
2. Zložite na nizajo linij.
3. Uporaba jasno trak za pritrditev.

Če želite narisati ali barvno neto, to storiti, preden jo trak skupaj.
Če želite, da jo okrasite z lepljenjem na dekoracije, ga
zalepite skupaj prvič.

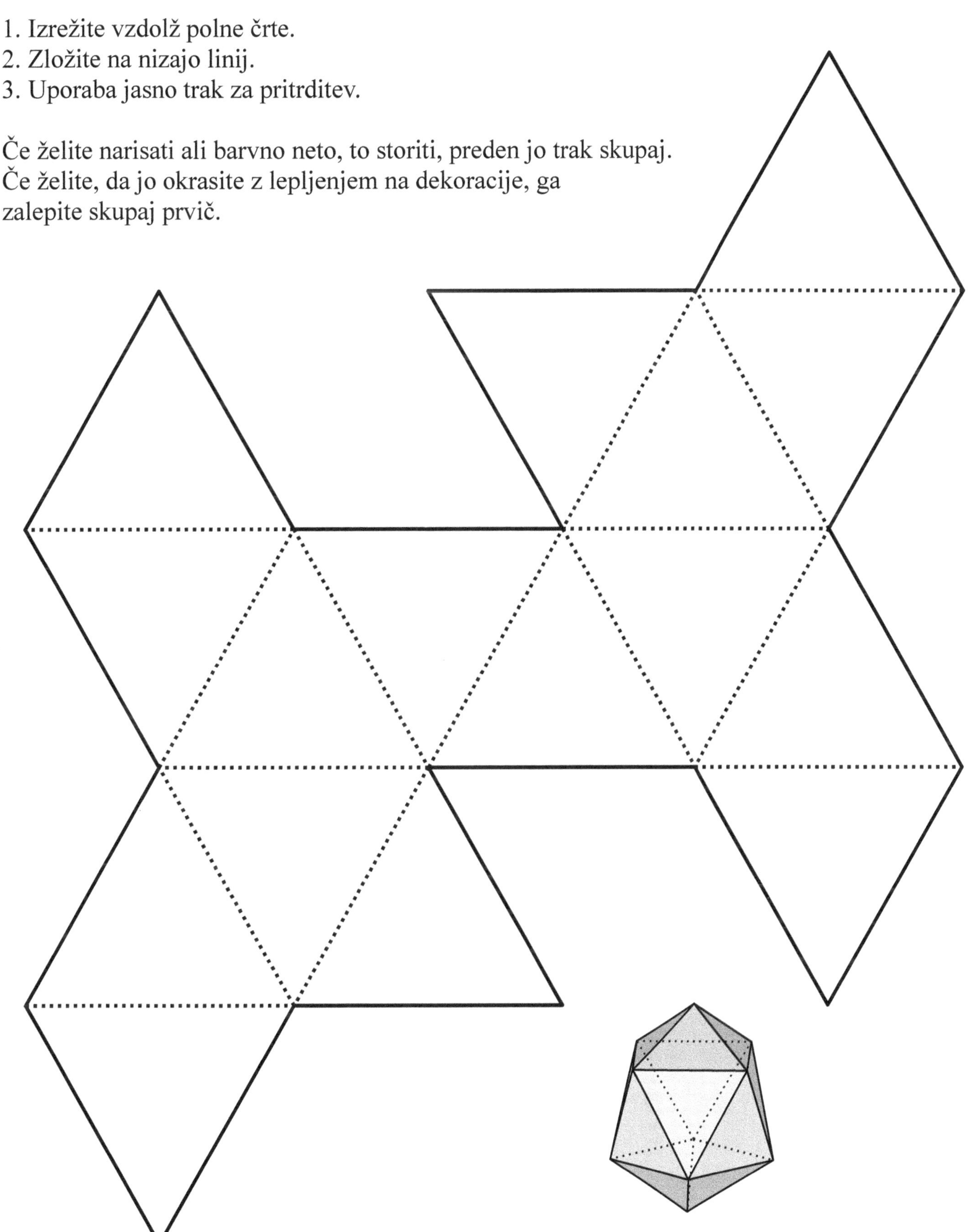

Giro podaljšana kvadratna prizma

1. Izrežite vzdolž polne črte.
2. Zložite na nizajo linij.
3. Zložite nazaj na Prekinjene črte
4. Uporabite jasno trak za pritrditev.

Če želite narisati ali barvno neto, to
storiti, preden jo trak skupaj. Če želite,
da jo okrasite z lepljenjem na dekoracije,
ga zalepite skupaj prvič.

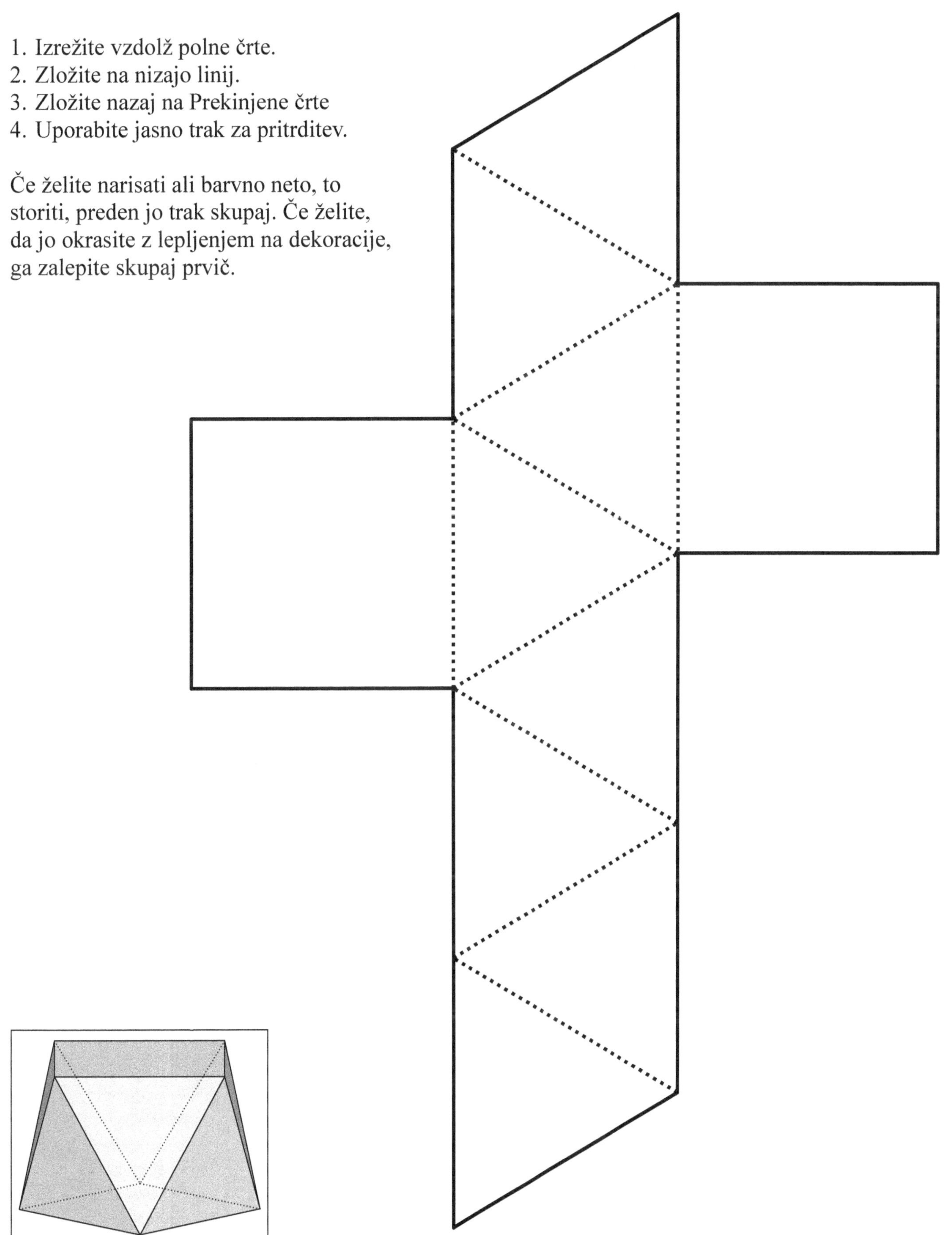

Giro podaljšana kvadratna piramida

1. Izrežite vzdolž polne črte.
2. Zložite na nizajo linij.
3. Uporaba jasno trak za pritrditev.

Če želite narisati ali barvno neto, to
storiti, preden jo trak skupaj. Če
želite, da jo okrasite z lepljenjem na
dekoracije, ga zalepite skupaj prvič.

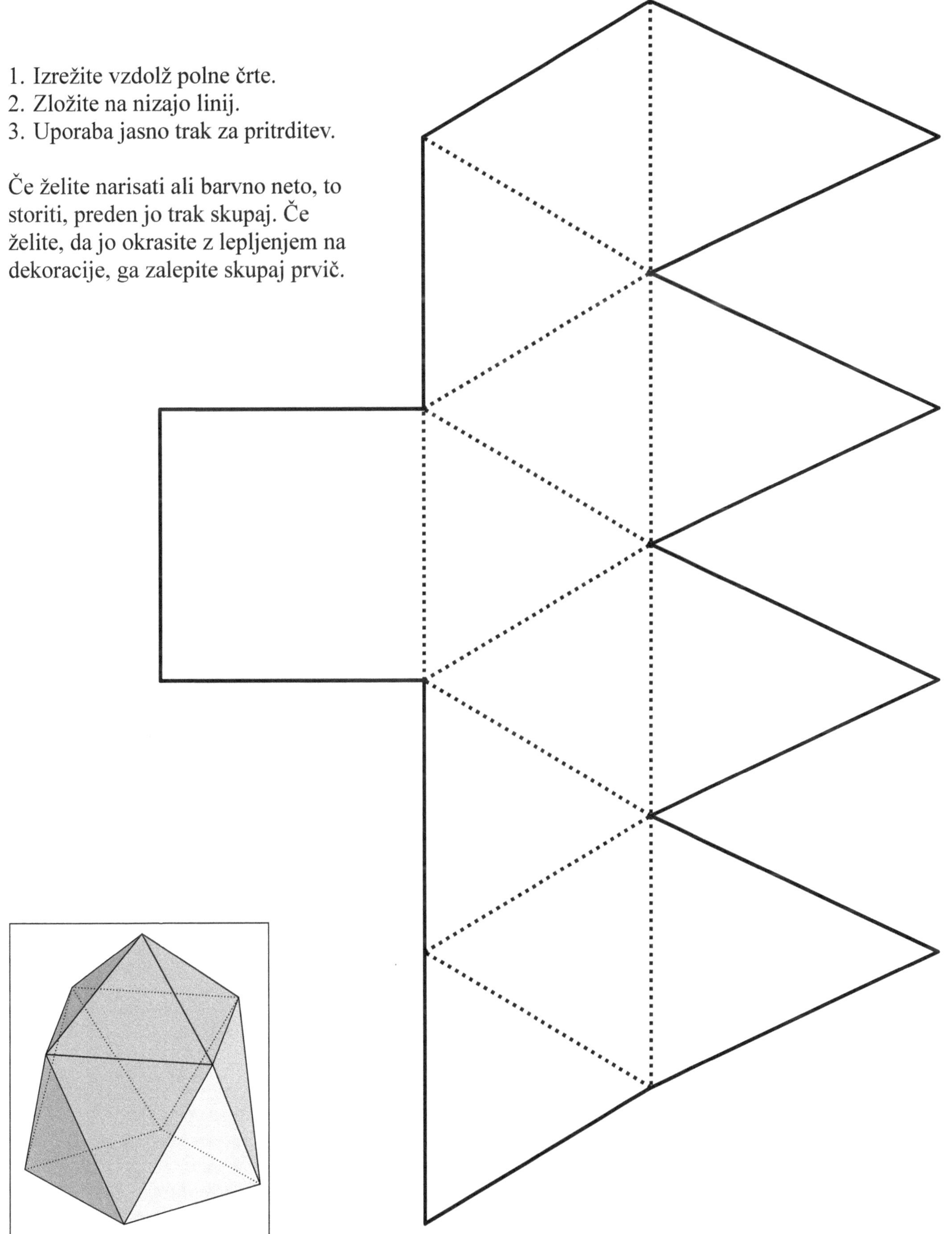

Sedemstrana piramida

1. Izrežite vzdolž polne črte.
2. Zložite na nizajo linij.
3. Uporaba jasno trak za pritrditev.

Če želite narisati ali barvno neto, to storiti, preden jo trak skupaj. Če želite, da jo okrasite z lepljenjem na dekoracije, ga zalepite skupaj prvič.

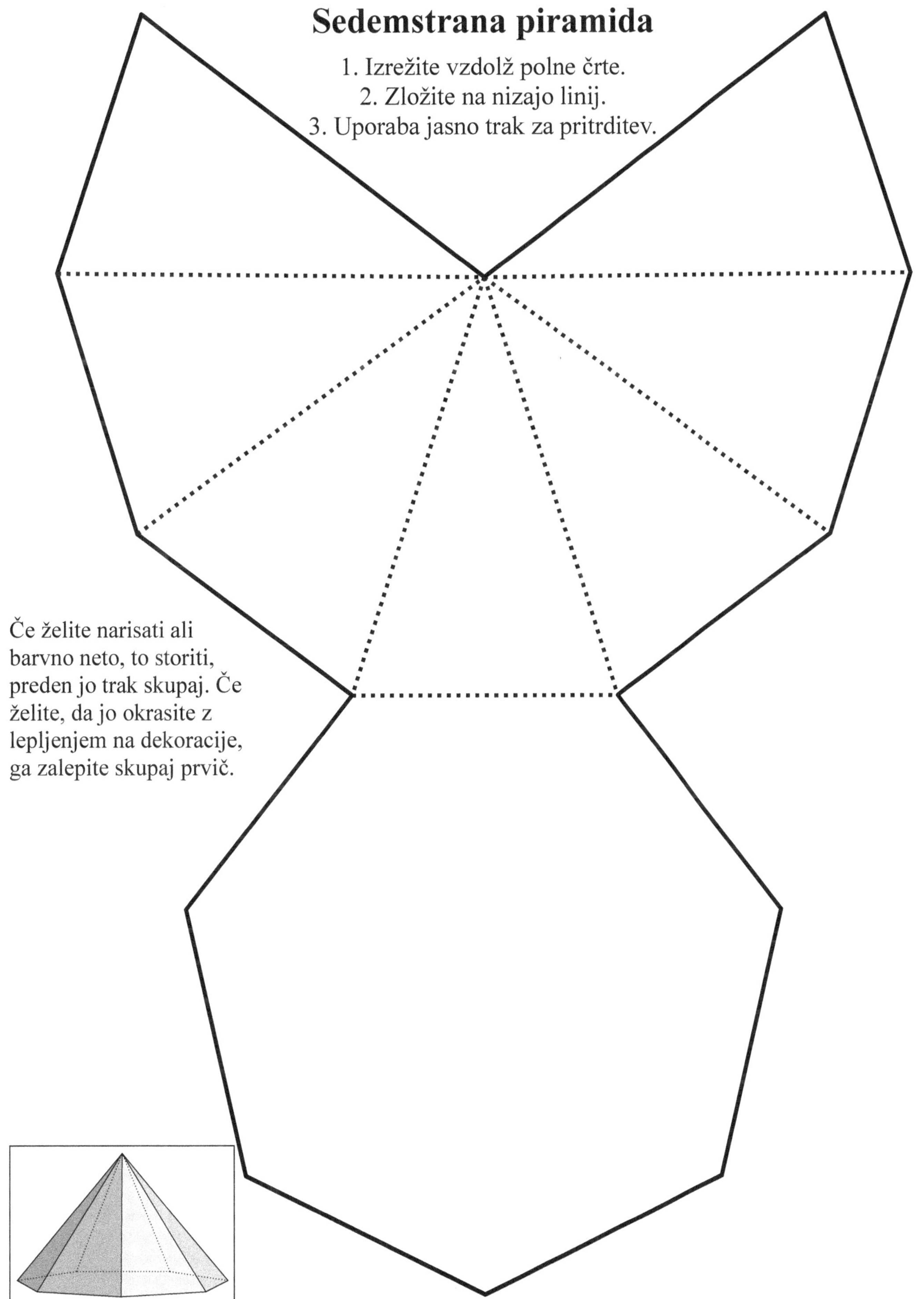

Heptaeder 4,4,4,3,3,3,3

1. Izrežite vzdolž polne črte.
2. Zložite na nizajo linij.
3. Uporaba jasno trak za pritrditev.

Če želite narisati ali barvno
neto, to storiti, preden jo
trak skupaj. Če želite, da
jo okrasite z lepljenjem na
dekoracije, ga zalepite
skupaj prvič.

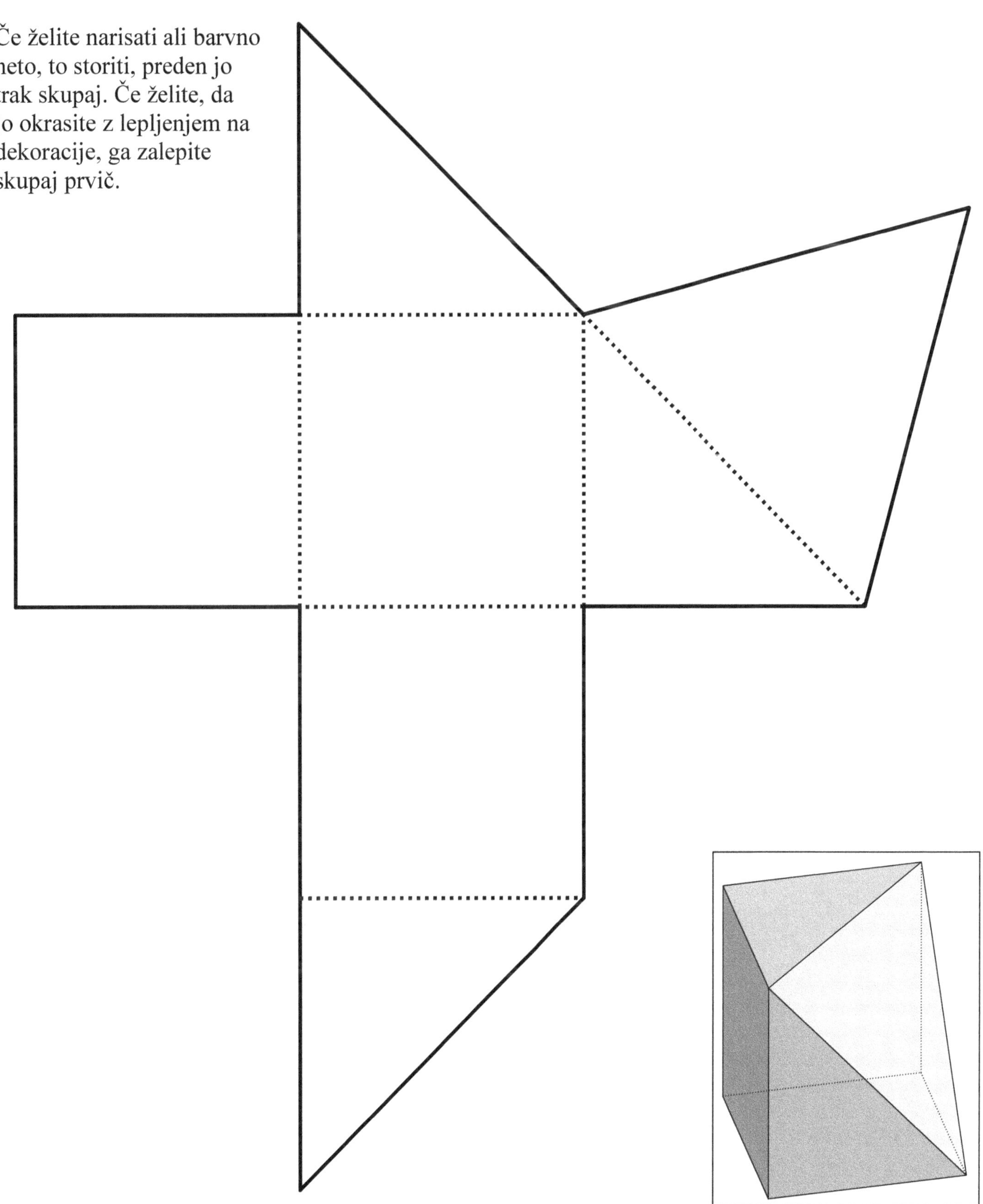

Heptaeder 5,5,5,4,4,3

1. Izrežite vzdolž polne črte.
2. Zložite na nizajo linij.
3. Uporaba jasno trak za pritrditev.

Če želite narisati ali barvno neto,
to storiti, preden jo trak skupaj.
Če želite, da jo okrasite z
lepljenjem na dekoracije, ga
zalepite skupaj prvič.

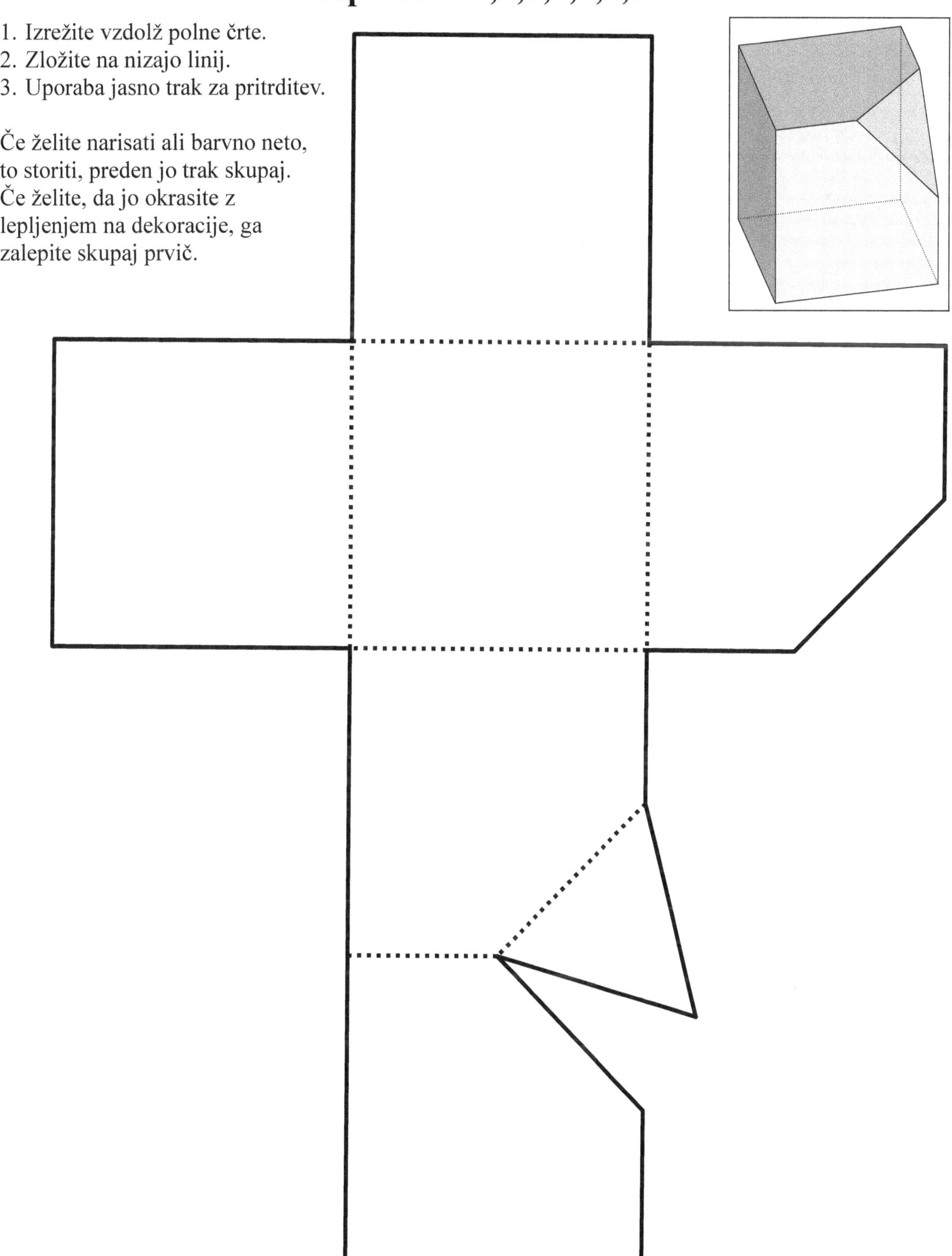

Heptaeder 6,6,4, 4,4,3,3

1. Izrežite vzdolž polne črte.
2. Zložite na nizajo linij.
3. Uporaba jasno trak za pritrditev.

Če želite narisati ali barvno neto, to storiti,
preden jo trak skupaj. Če želite, da jo okrasite
z lepljenjem na dekoracije, ga zalepite
skupaj prvič.

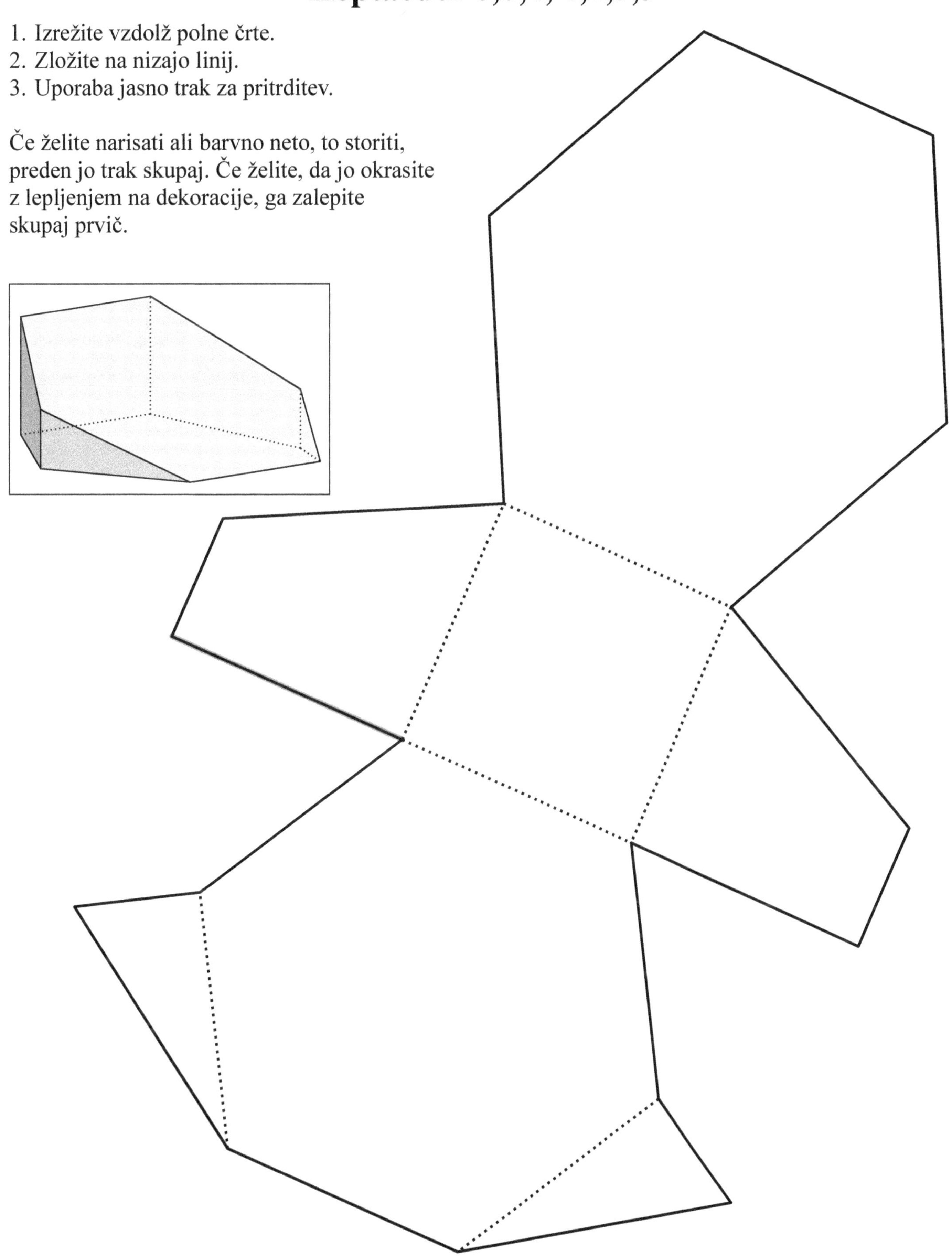

Šeststrana prizma

1. Izrežite vzdolž polne črte.
2. Zložite na nizajo linij.
3. Uporaba jasno trak za pritrditev.

Če želite narisati ali barvno neto, to storiti, preden
jo trak skupaj. Če želite, da jo okrasite z
lepljenjem na dekoracije, ga zalepite skupaj
prvič.

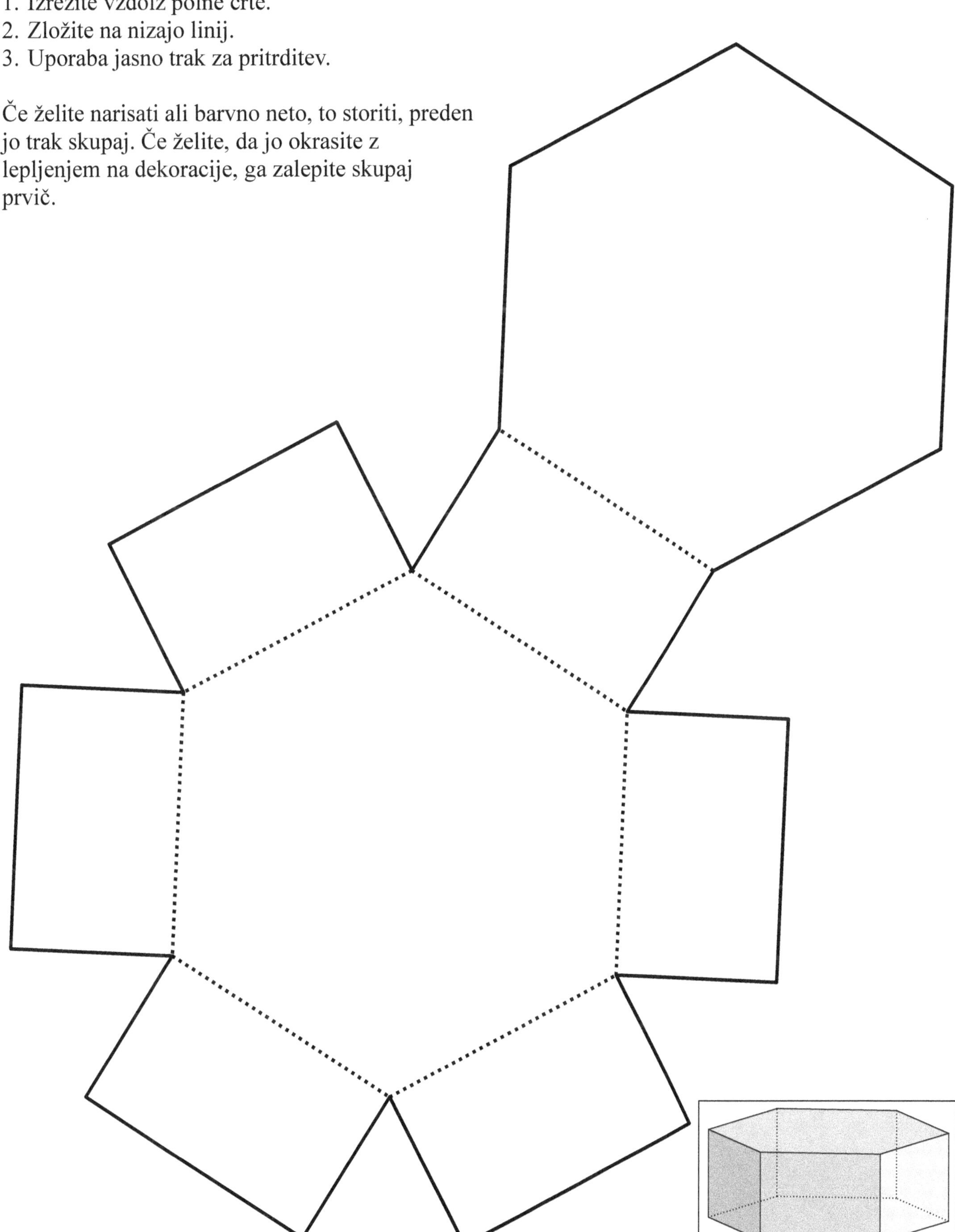

Šeststrana piramida

1. Izrežite vzdolž polne črte.
2. Zložite na nizajo linij.
3. Uporaba jasno trak za pritrditev.

Če želite narisati ali barvno neto, to storiti, preden jo trak skupaj.
Če želite, da jo okrasite z lepljenjem na dekoracije, ga zalepite
skupaj prvič.

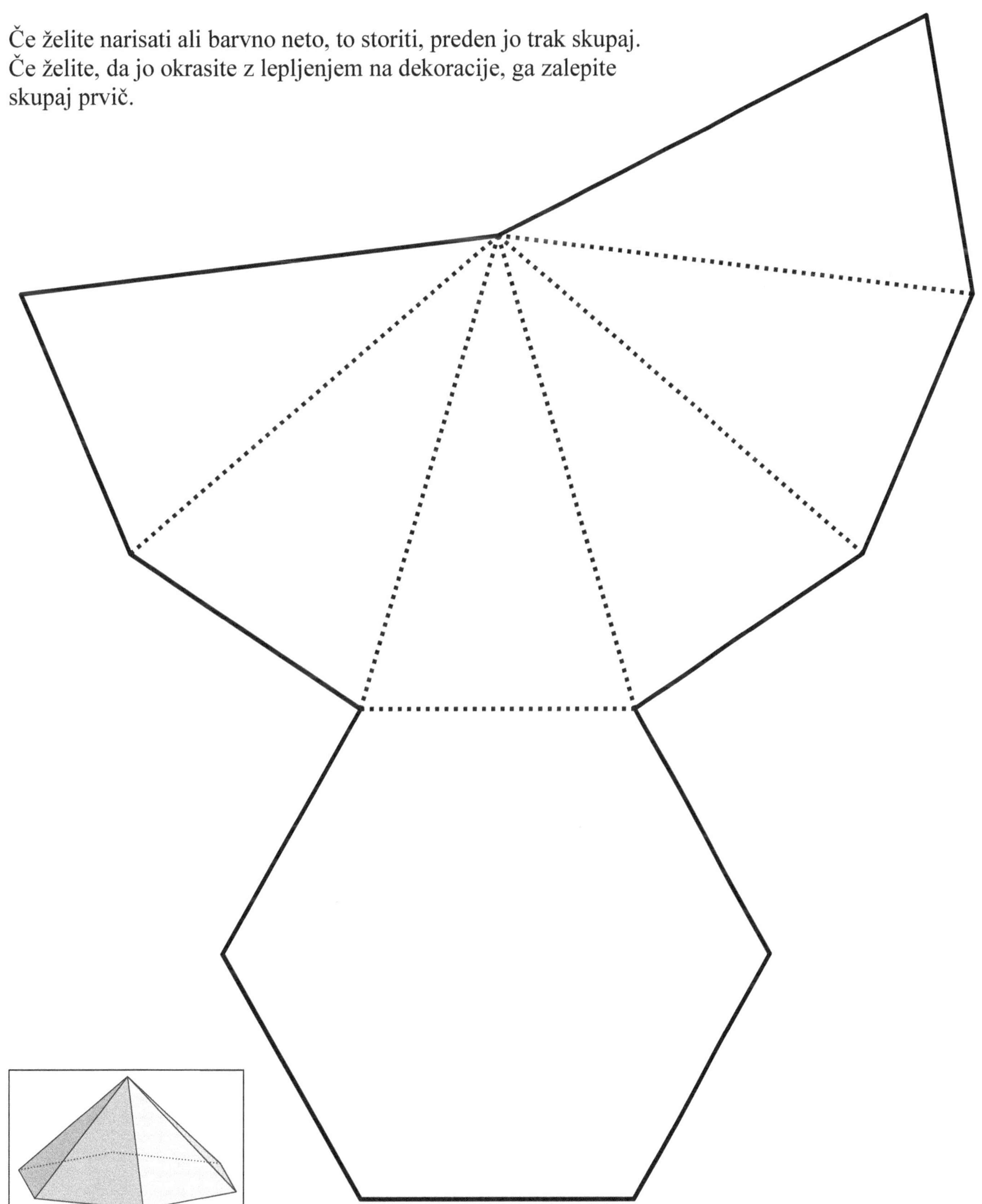

Heksaeder 4,4,4,4,3,3

1. Izrežite vzdolž polne črte.
2. Zložite na nizajo linij.
3. Uporaba jasno trak za pritrditev.

Če želite narisati ali barvno neto, to storiti, preden jo trak skupaj. Če želite, da jo okrasite z lepljenjem na dekoracije, ga zalepite skupaj prvič.

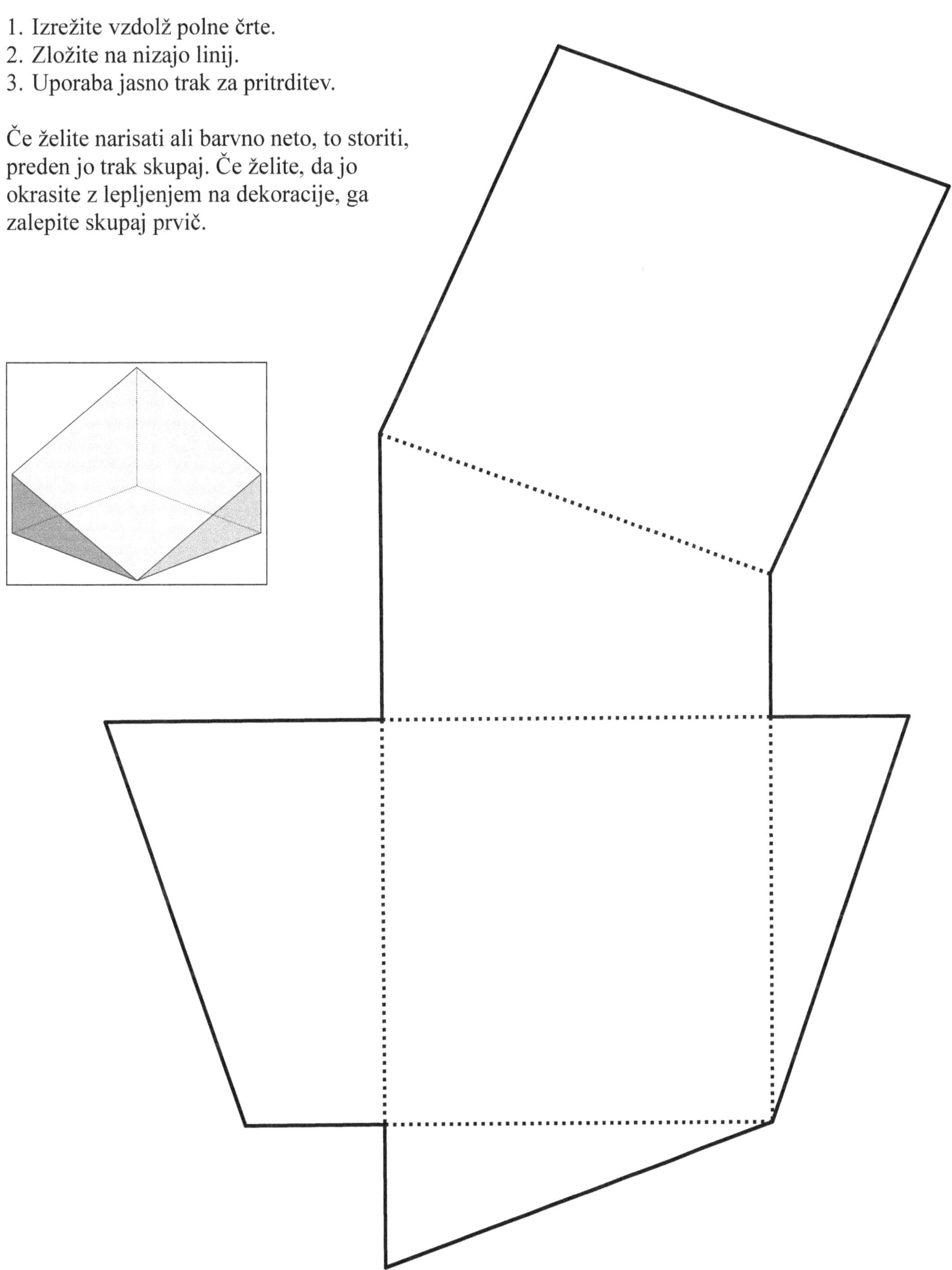

Heksaeder 5,4,4,3,3,3

1. Izrežite vzdolž polne črte.
2. Zložite na nizajo linij.
3. Uporaba jasno trak za pritrditev.

Če želite narisati ali barvno neto, to storiti, preden jo trak skupaj. Če
želite, da jo okrasite z lepljenjem na dekoracije, ga zalepite skupaj prvič.

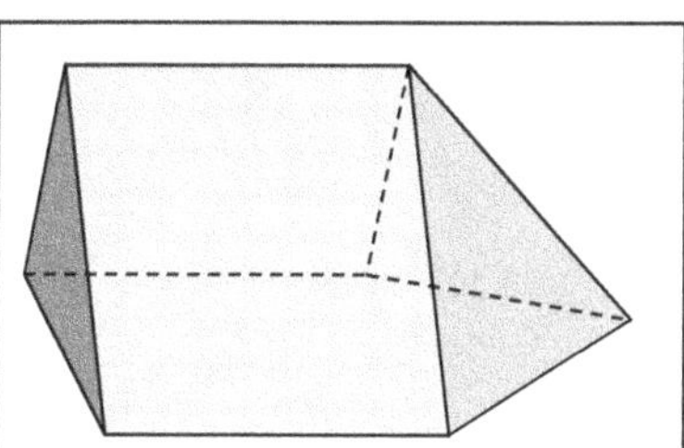

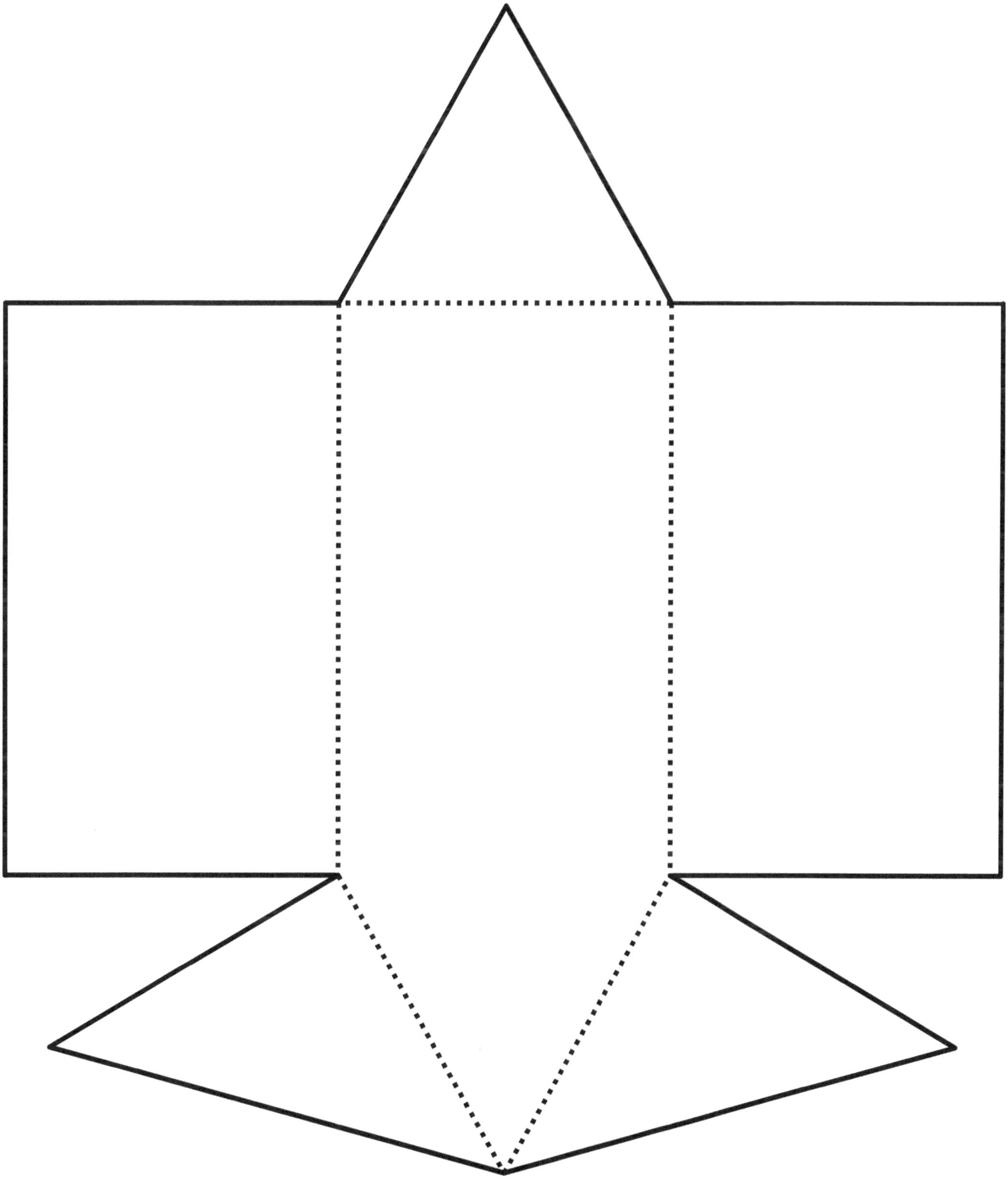

Geometrične mreže

77

Heksaeder 5,5,4,4,3,3

1. Izrežite vzdolž polne črte.
2. Zložite na nizajo linij.
3. Uporaba jasno trak za pritrditev.

Če želite narisati ali barvno neto, to storiti,
preden jo trak skupaj. Če želite, da jo
okrasite z lepljenjem na dekoracije,
ga zalepite skupaj prvič.

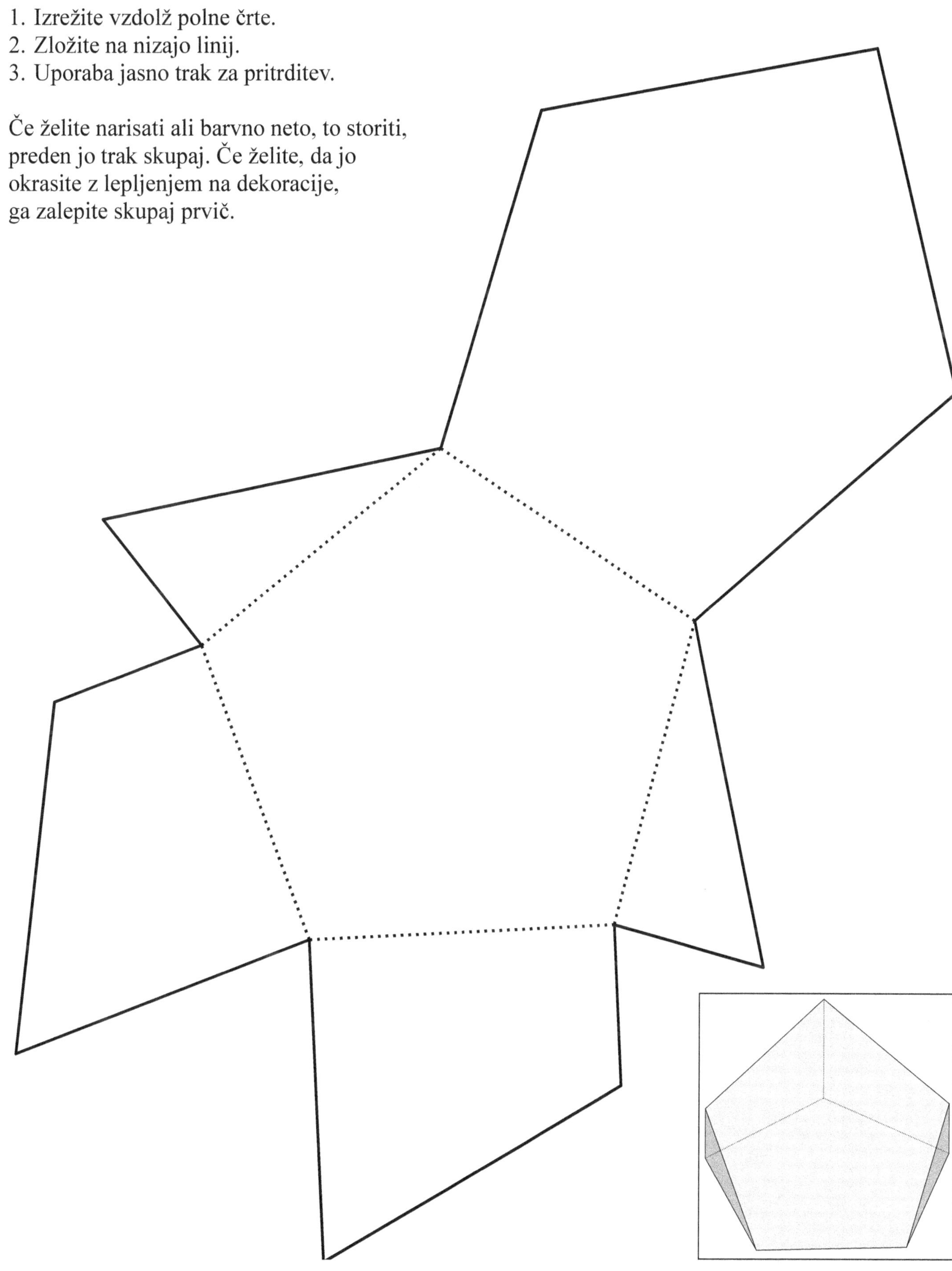

Pravilni ikozaeder

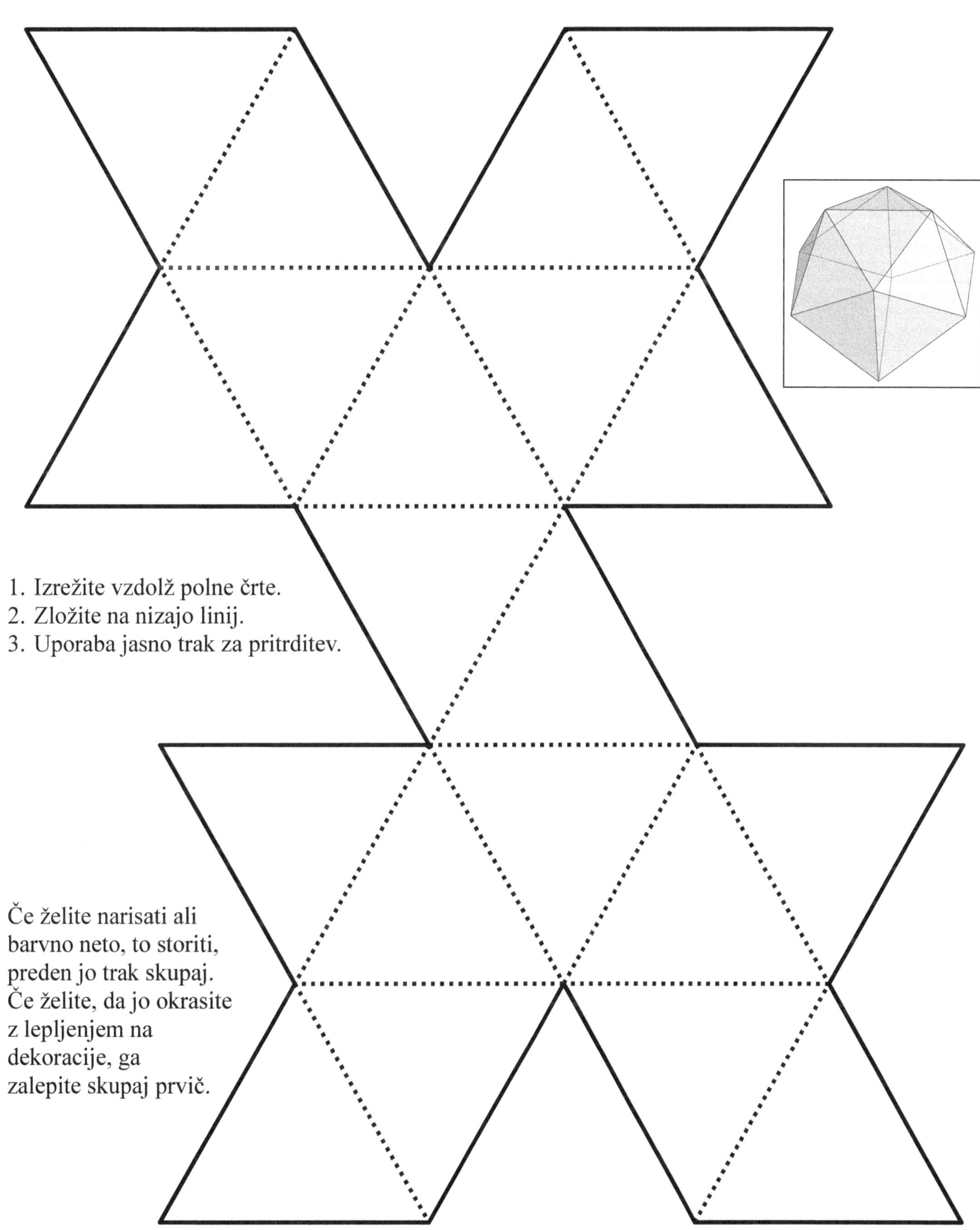

1. Izrežite vzdolž polne črte.
2. Zložite na nizajo linij.
3. Uporaba jasno trak za pritrditev.

Če želite narisati ali
barvno neto, to storiti,
preden jo trak skupaj.
Če želite, da jo okrasite
z lepljenjem na
dekoracije, ga
zalepite skupaj prvič.

Ikozidodekaeder

1. Izrežite vzdolž polne črte.
2. Zložite na nizajo linij.
3. Uporaba jasno trak za pritrditev.

Če želite narisati ali barvno
neto, to storiti, preden jo trak
skupaj. Če želite, da jo
okrasite z lepljenjem na
dekoracije, ga zalepite
skupaj prvič.

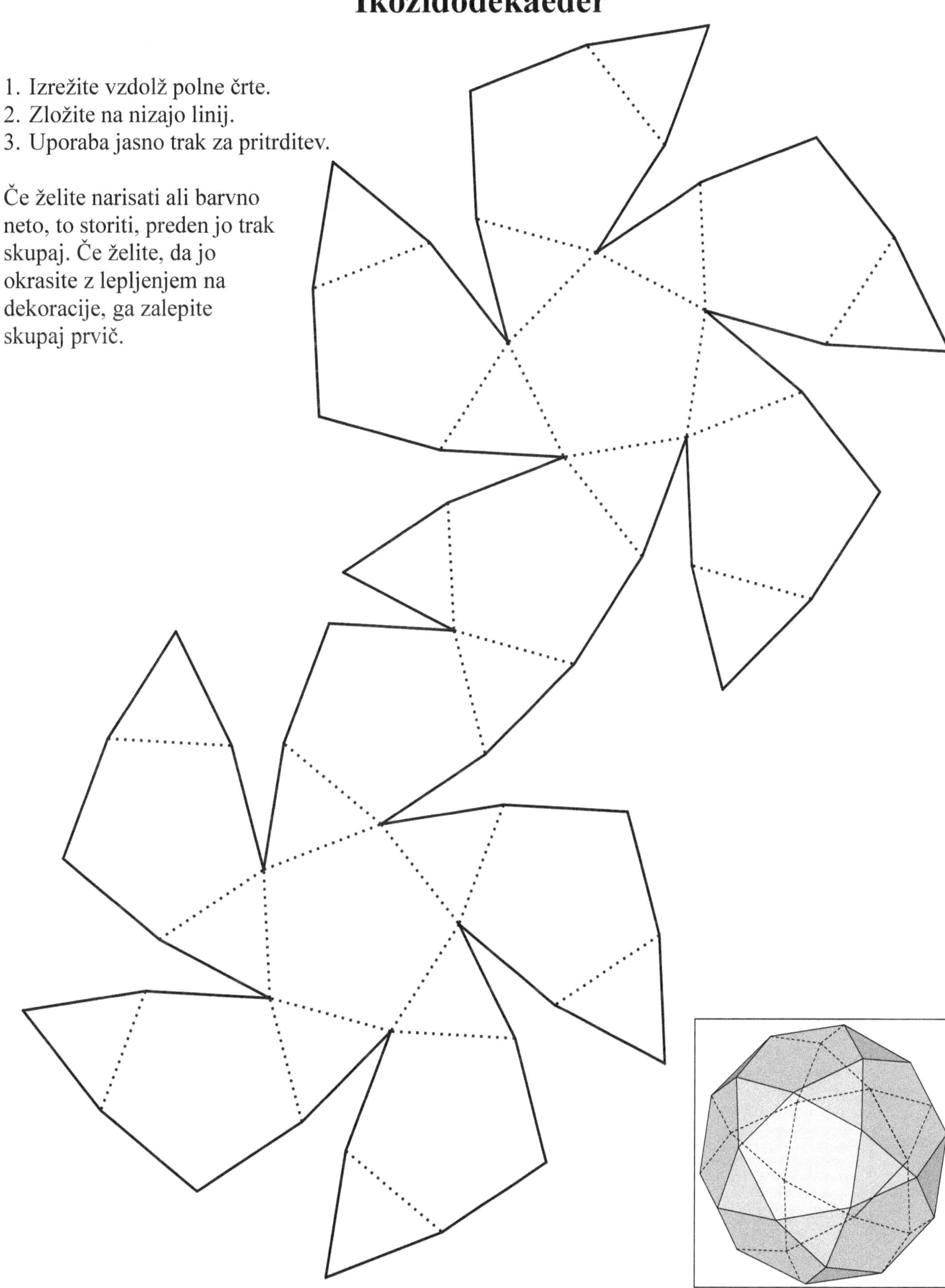

Poševna kvadratna piramida

1. Izrežite vzdolž polne črte.
2. Zložite na nizajo linij.
3. Uporaba jasno trak za pritrditev.

Če želite narisati ali barvno neto, to storiti, preden
jo trak skupaj. Če želite, da jo okrasite z lepljenjem
na dekoracije, ga zalepite skupaj prvič.

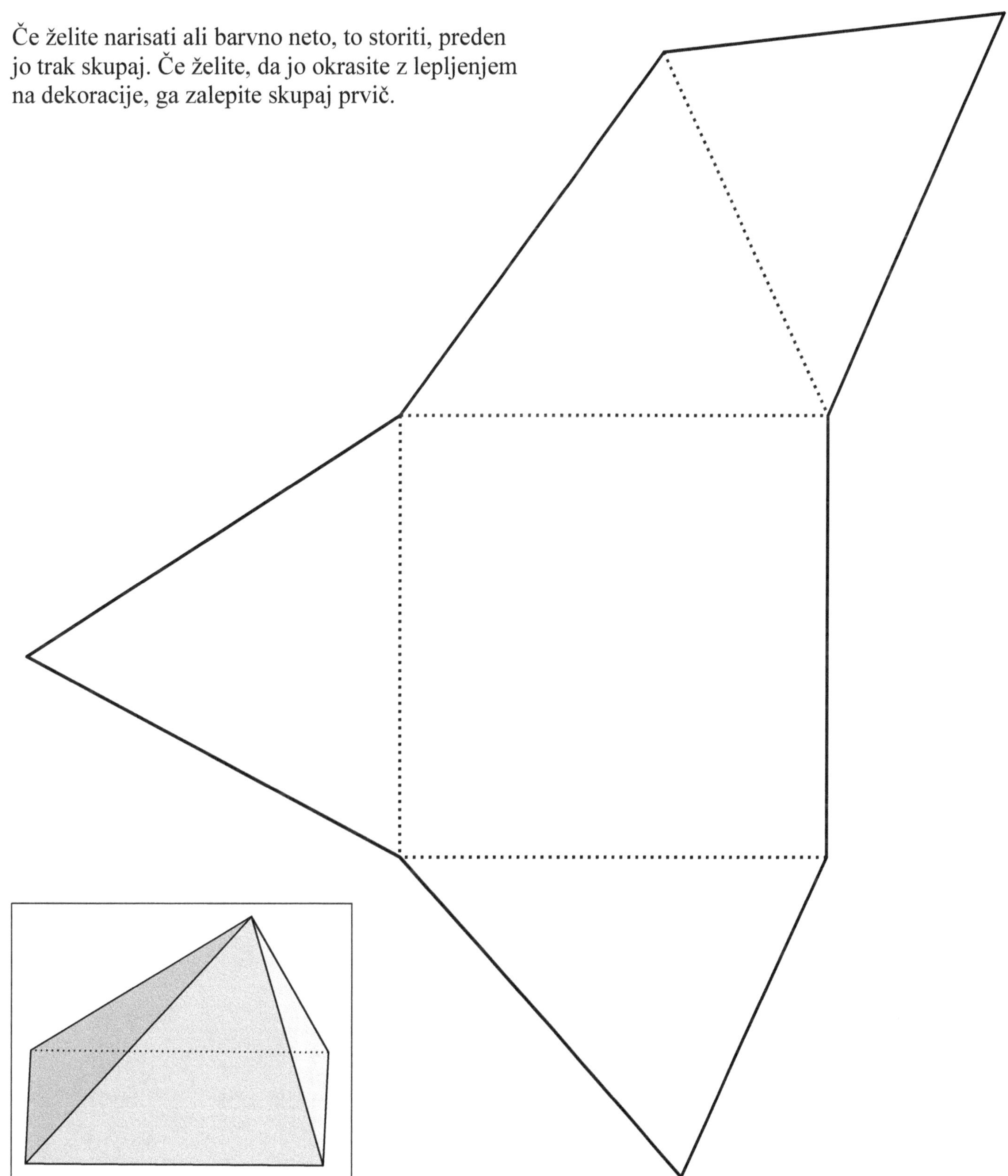

Osemstrana antiprizma

1. Izrežite vzdolž polne črte.
2. Zložite na nizajo linij.
3. Uporaba jasno trak za pritrditev.

Če želite narisati ali
barvno neto, to storiti,
preden jo trak skupaj. Če
želite, da jo okrasite z
lepljenjem na dekoracije,
ga zalepite skupaj prvič.

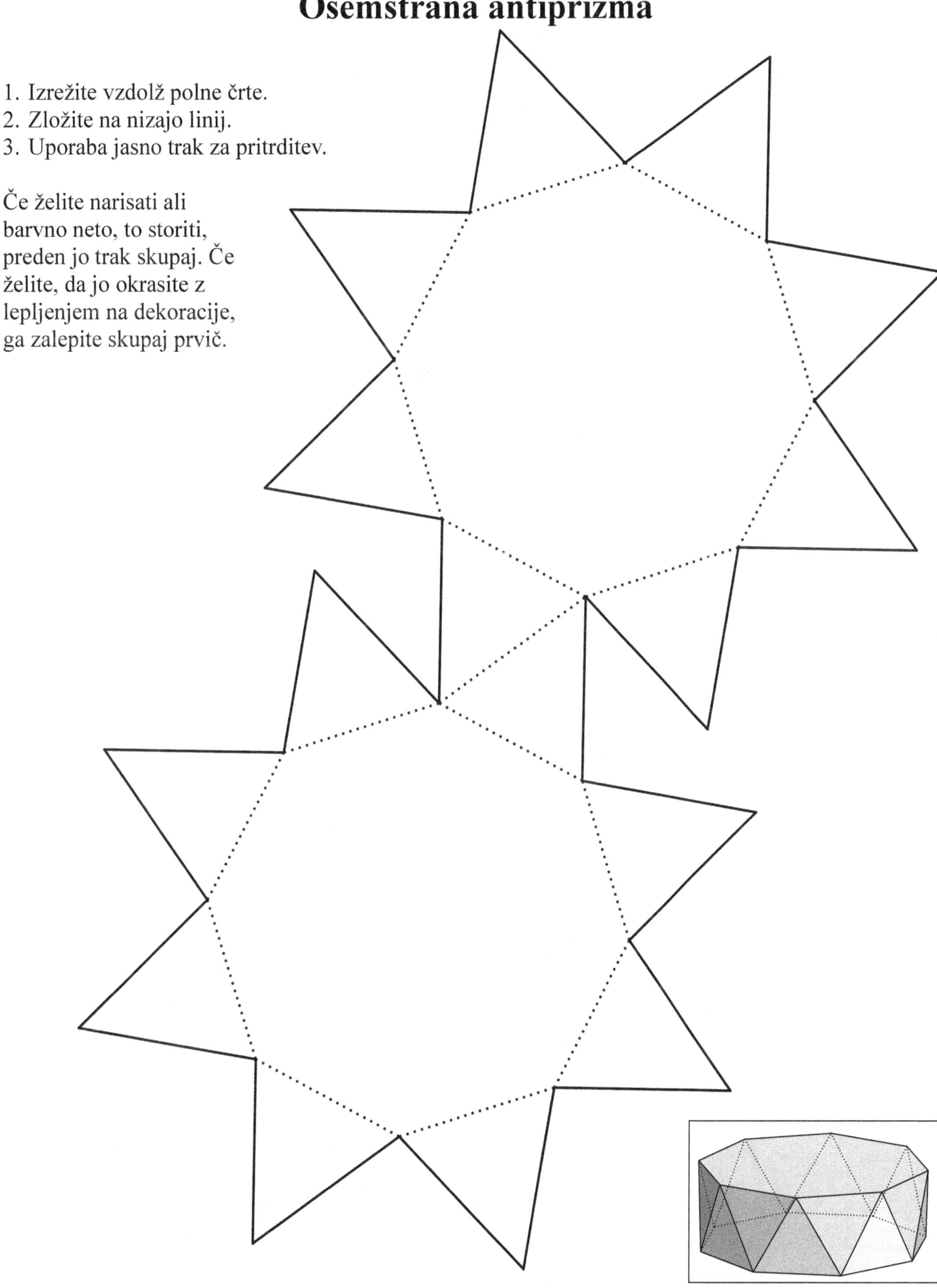

Pravilni oktaeder

Ta polieder lahko imenujemo tudi kvadrata bipiramida.

1. Izrežite vzdolž polne črte.
2. Zložite na nizajo linij.
3. Uporaba jasno trak za pritrditev.

Če želite narisati ali barvno neto, to storiti, preden jo trak skupaj.
Če želite, da jo okrasite z lepljenjem na dekoracije, ga zalepite
skupaj prvič.

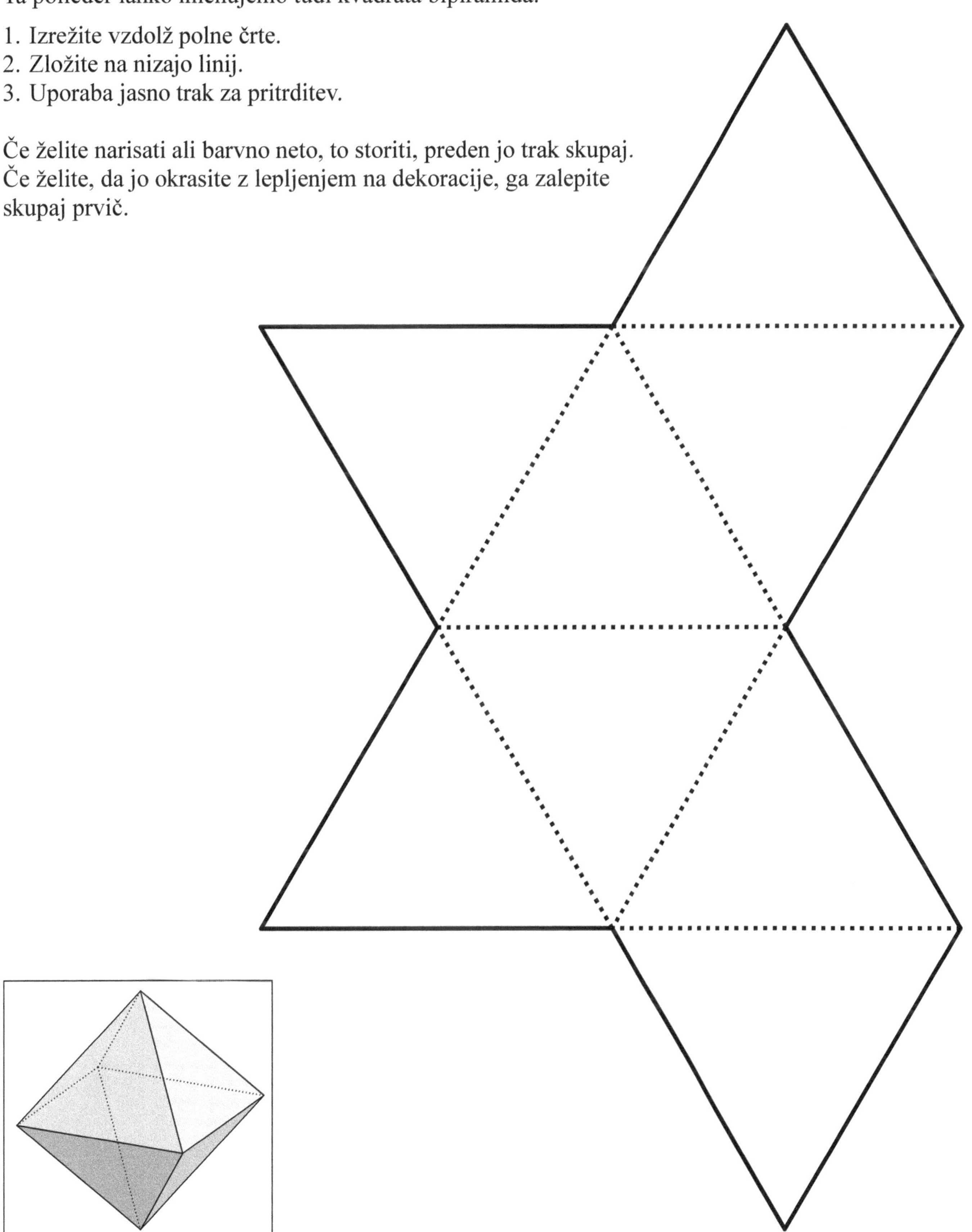

Petstrana antiprizma

1. Izrežite vzdolž polne črte.
2. Zložite na nizajo linij.
3. Uporaba jasno trak za pritrditev.

Če želite narisati ali barvno neto, to storiti,
preden jo trak skupaj. Če želite, da jo
okrasite z lepljenjem na
dekoracije, ga zalepite
skupaj prvič.

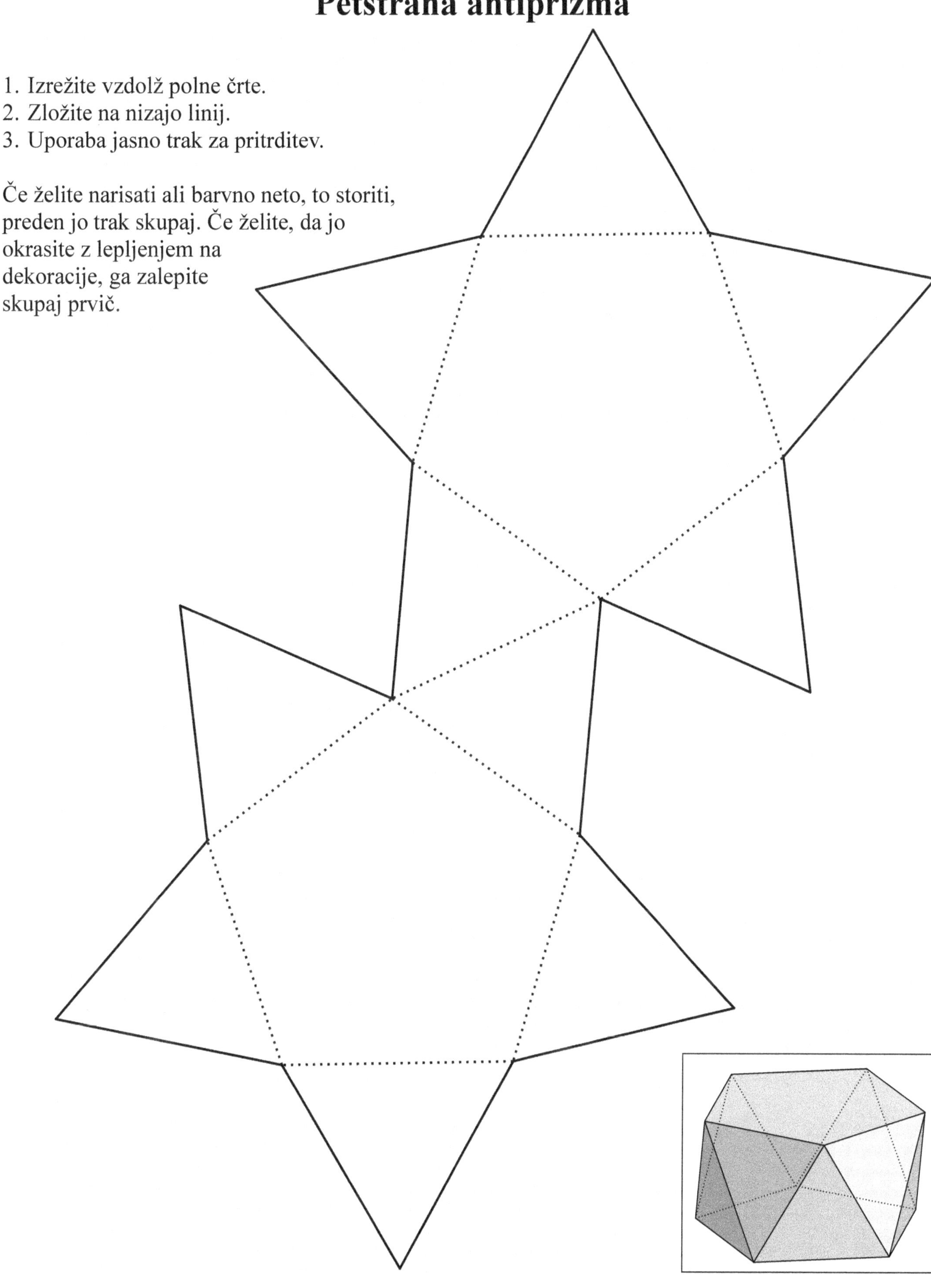

Petstrana kupola

1. Izrežite vzdolž polne črte.
2. Zložite na nizajo linij.
3. Uporaba jasno trak za pritrditev.

Če želite narisati ali barvno neto,
to storiti, preden jo trak skupaj.
Če želite, da jo okrasite z
lepljenjem na dekoracije, ga
zalepite skupaj prvič.

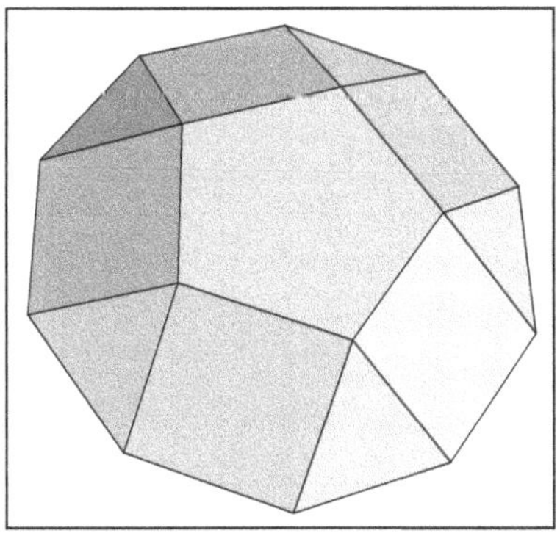

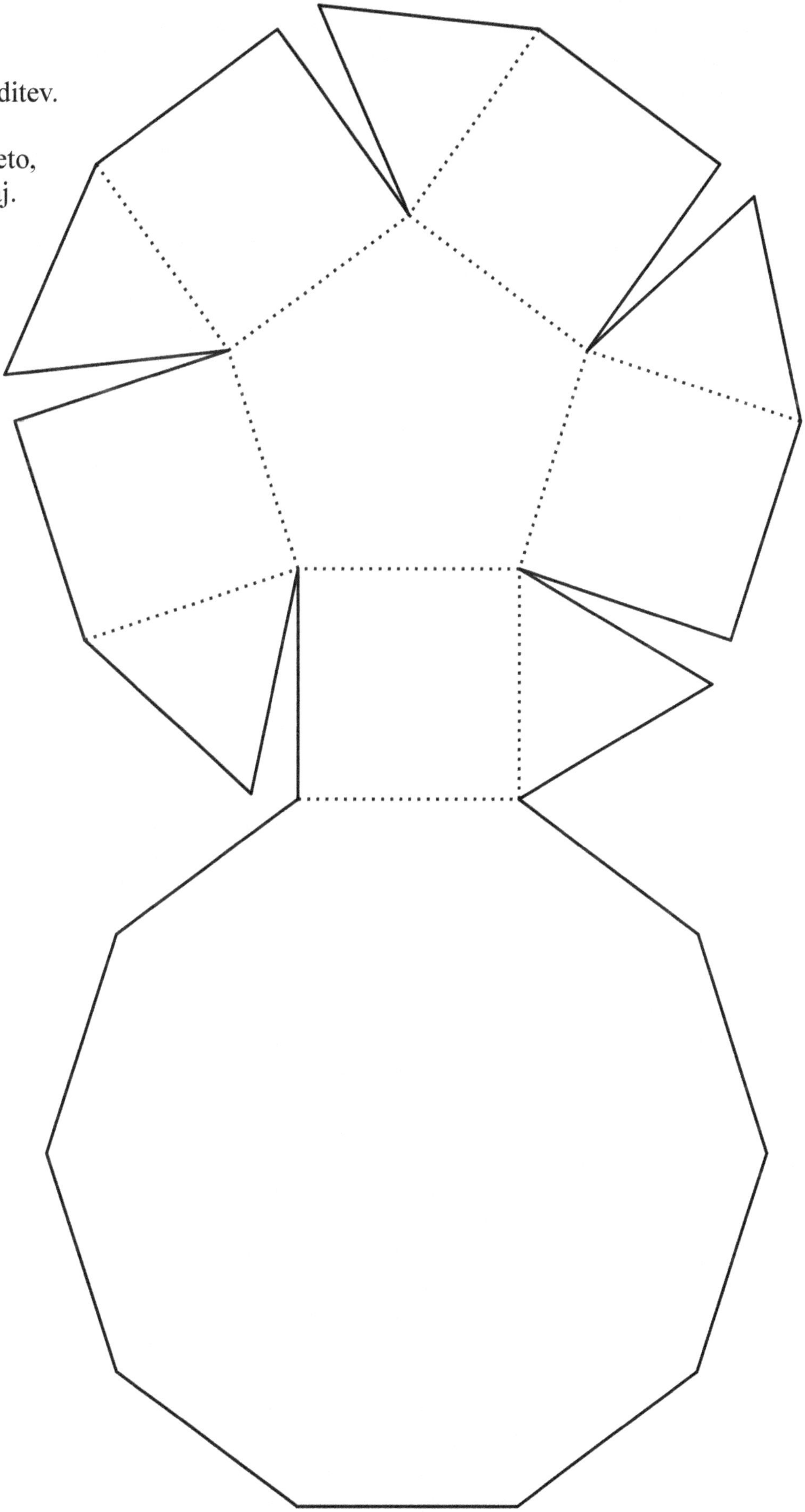

Petstrana bipiramida

1. Izrežite vzdolž polne črte.
2. Zložite na nizajo linij.
3. Uporaba jasno trak za pritrditev.

Če želite narisati ali barvno neto, to storiti, preden jo trak skupaj. Če želite, da jo okrasite z lepljenjem na dekoracije, ga zalepite skupaj prvič.

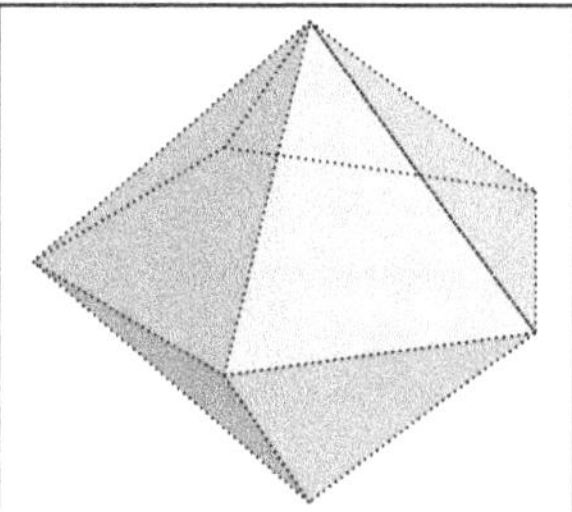

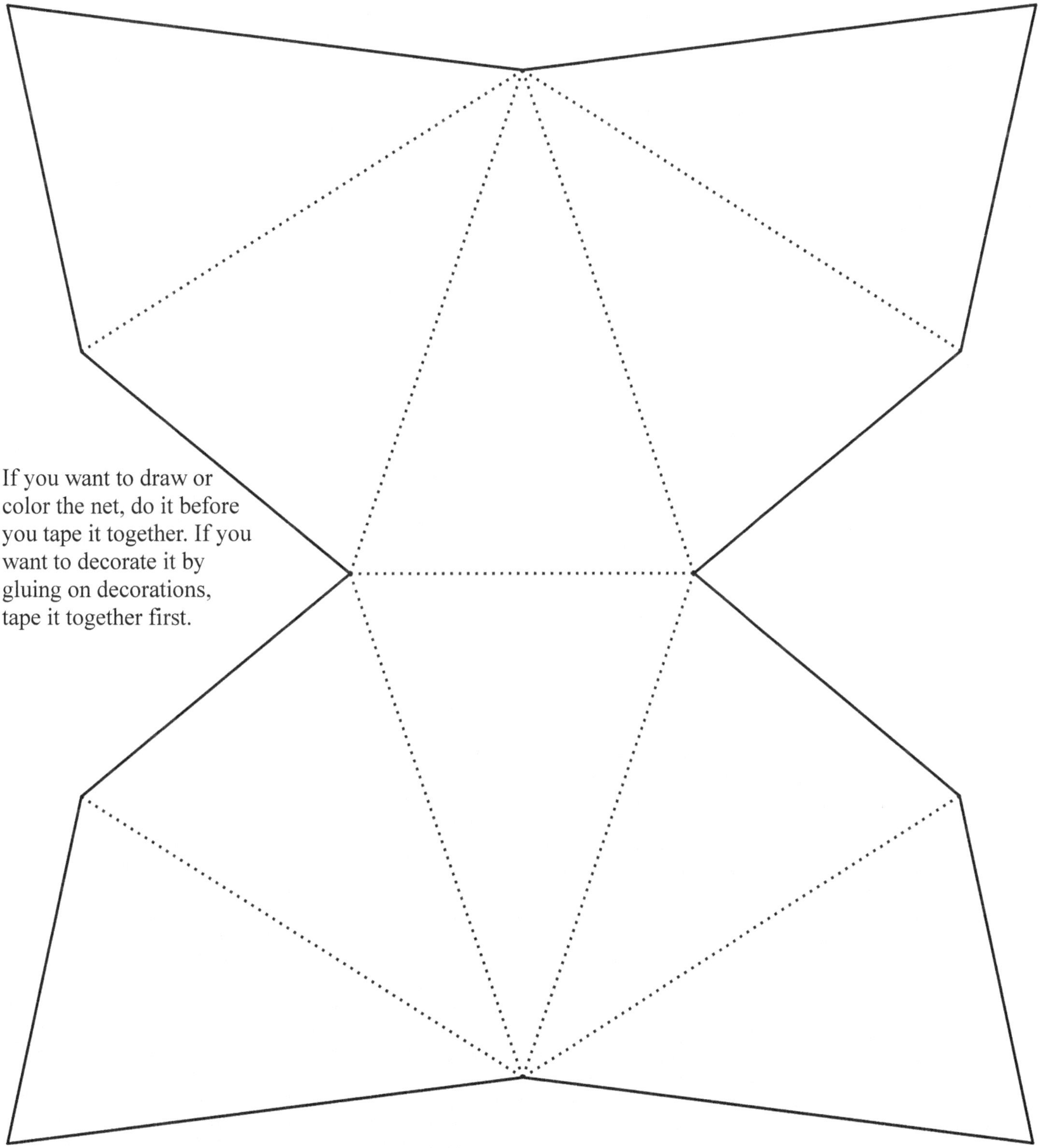

If you want to draw or color the net, do it before you tape it together. If you want to decorate it by gluing on decorations, tape it together first.

Petstrana prizma

1. Izrežite vzdolž polne črte.
2. Zložite na nizajo linij.
3. Uporaba jasno trak za pritrditev.

Če želite narisati ali barvno neto, to storiti, preden jo trak skupaj. Če želite, da jo okrasite z lepljenjem na dekoracije, ga zalepite skupaj prvič.

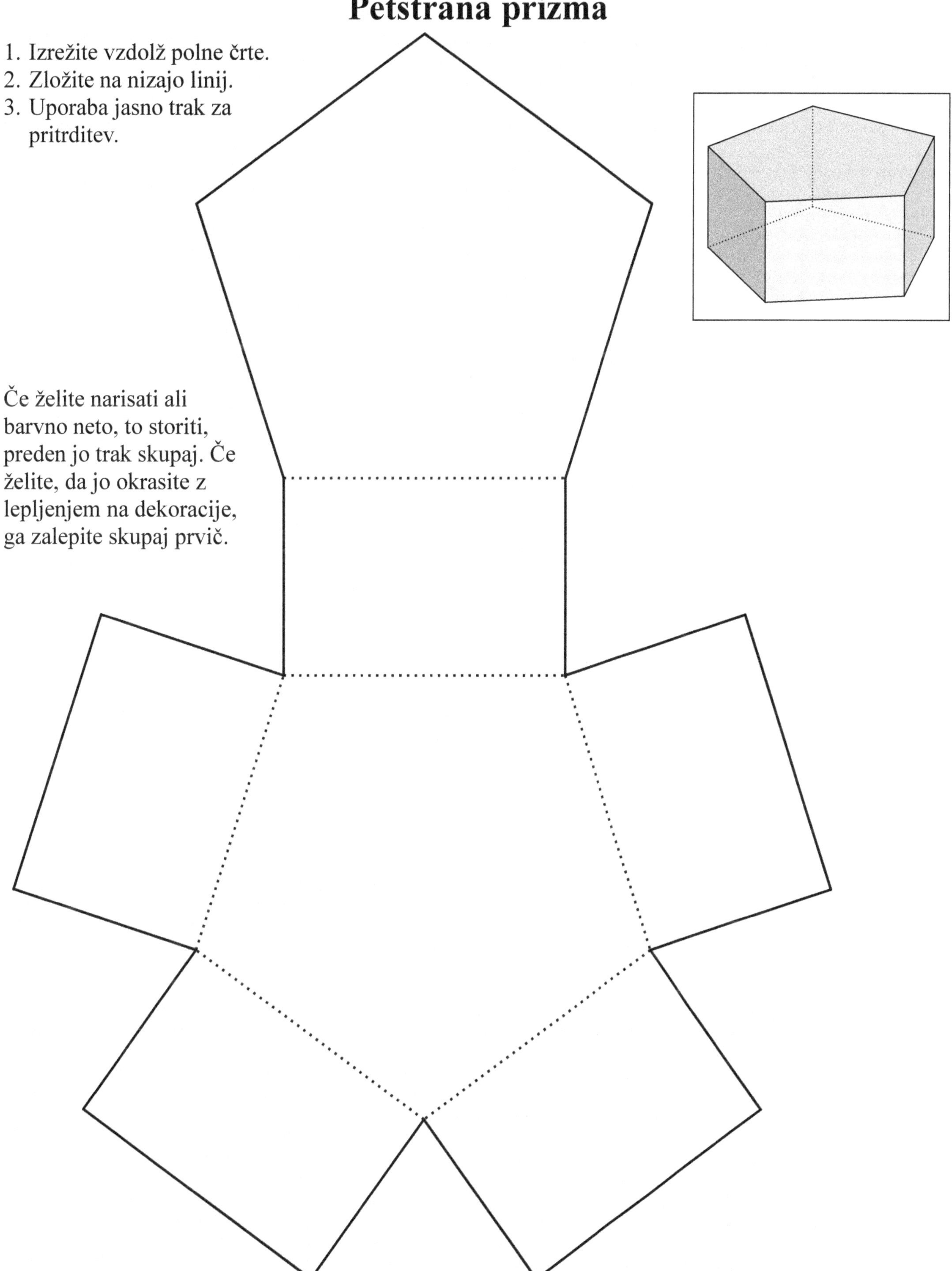

Petstrana piramida

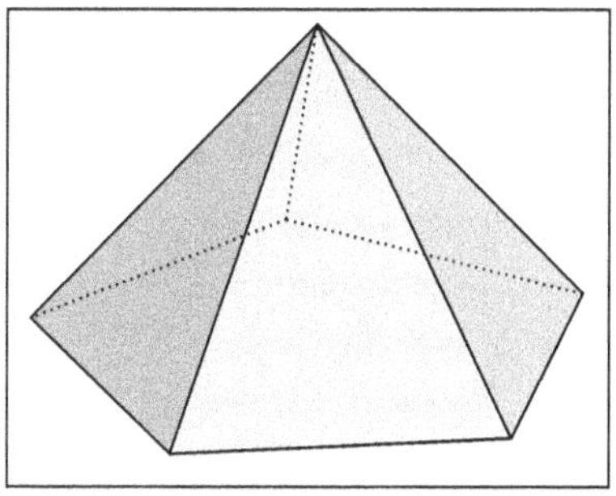

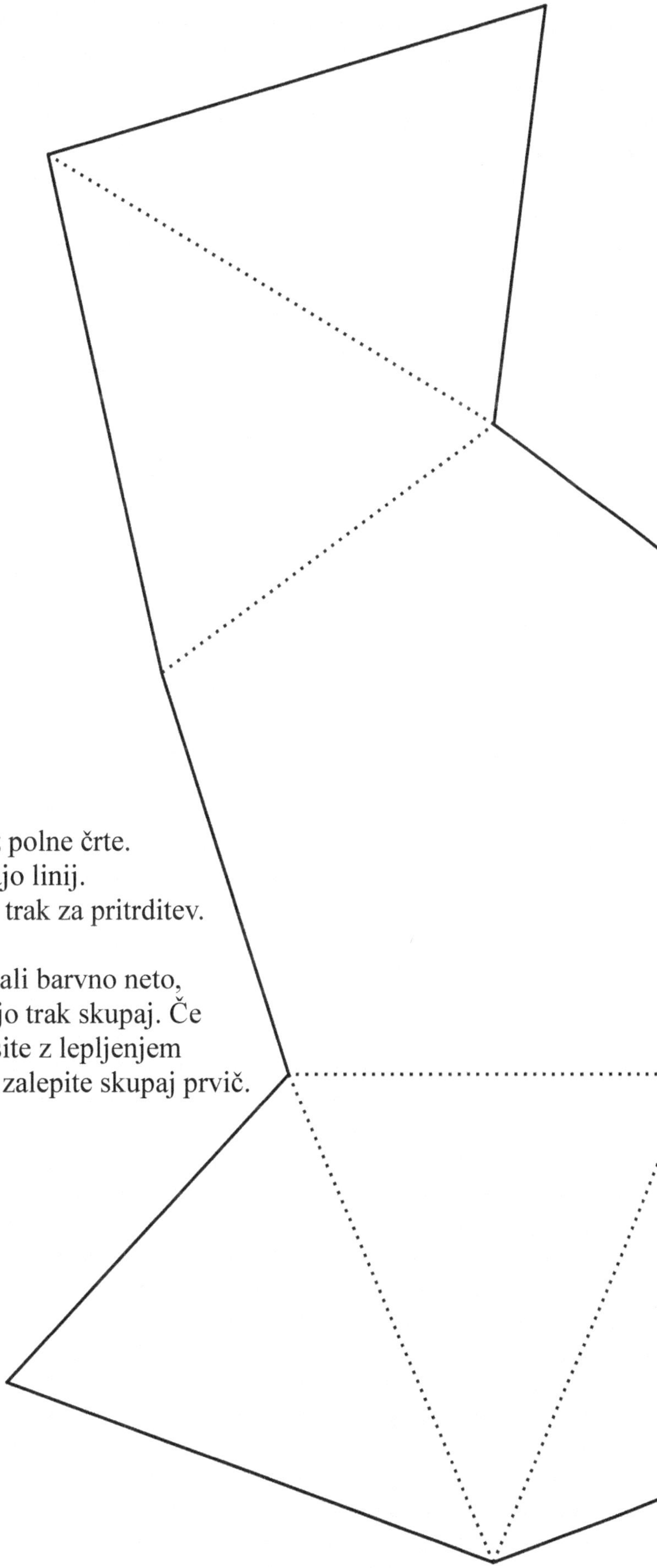

1. Izrežite vzdolž polne črte.
2. Zložite na nizajo linij.
3. Uporaba jasno trak za pritrditev.

Če želite narisati ali barvno neto,
to storiti, preden jo trak skupaj. Če
želite, da jo okrasite z lepljenjem
na dekoracije, ga zalepite skupaj prvič.

Petstrana rotunda

1. Izrežite vzdolž polne črte.
2. Zložite na nizajo linij.
3. Uporaba jasno trak za pritrditev.

Če želite narisati ali barvno neto, to storiti, preden jo trak skupaj. Če želite, da jo okrasite z lepljenjem na dekoracije, ga zalepite skupaj prvič.

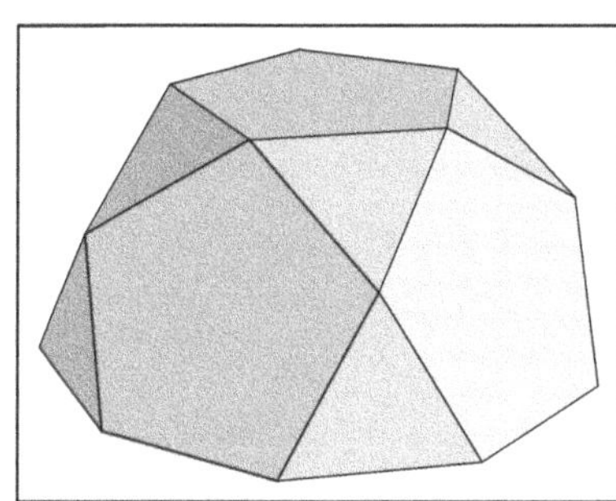

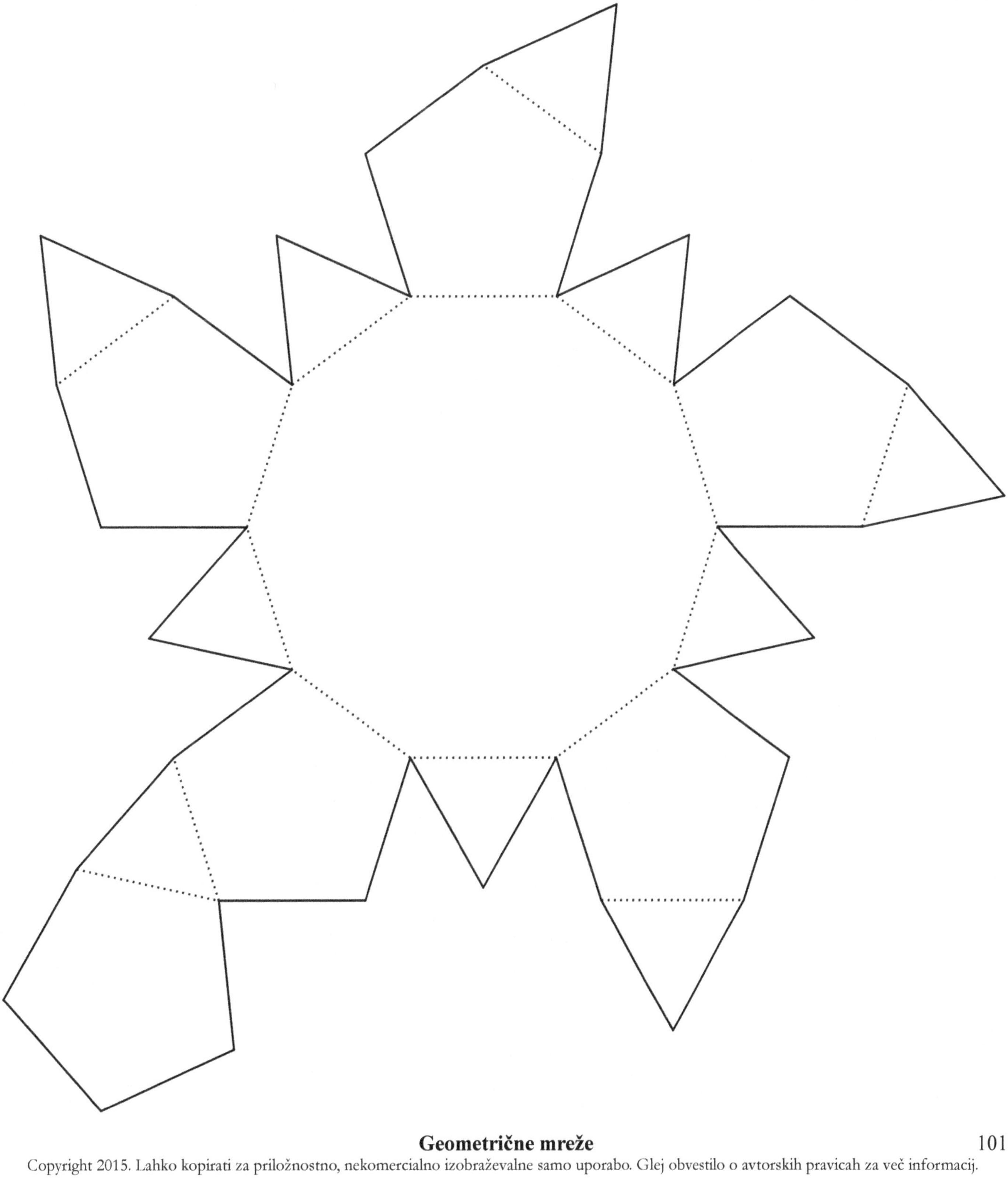

Pentagramska prizma

1. Izrežite vzdolž polne črte.
2. Zložite na nizajo linij.
3. Uporaba jasno trak za pritrditev.

Če želite narisati ali barvno neto, to
storiti, preden jo trak skupaj. Če želite,
da jo okrasite z lepljenjem na dekoracije,
ga zalepite skupaj prvič.

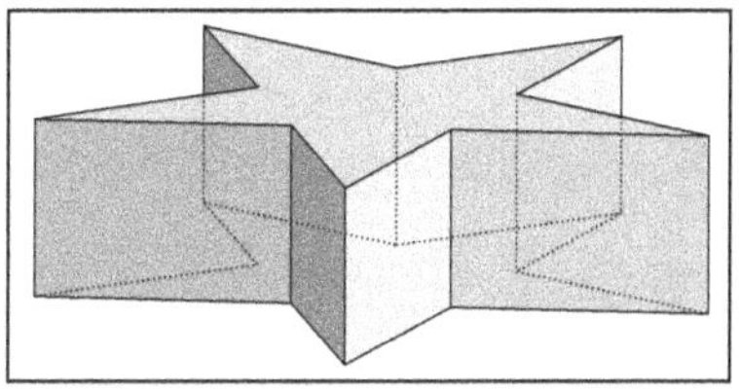

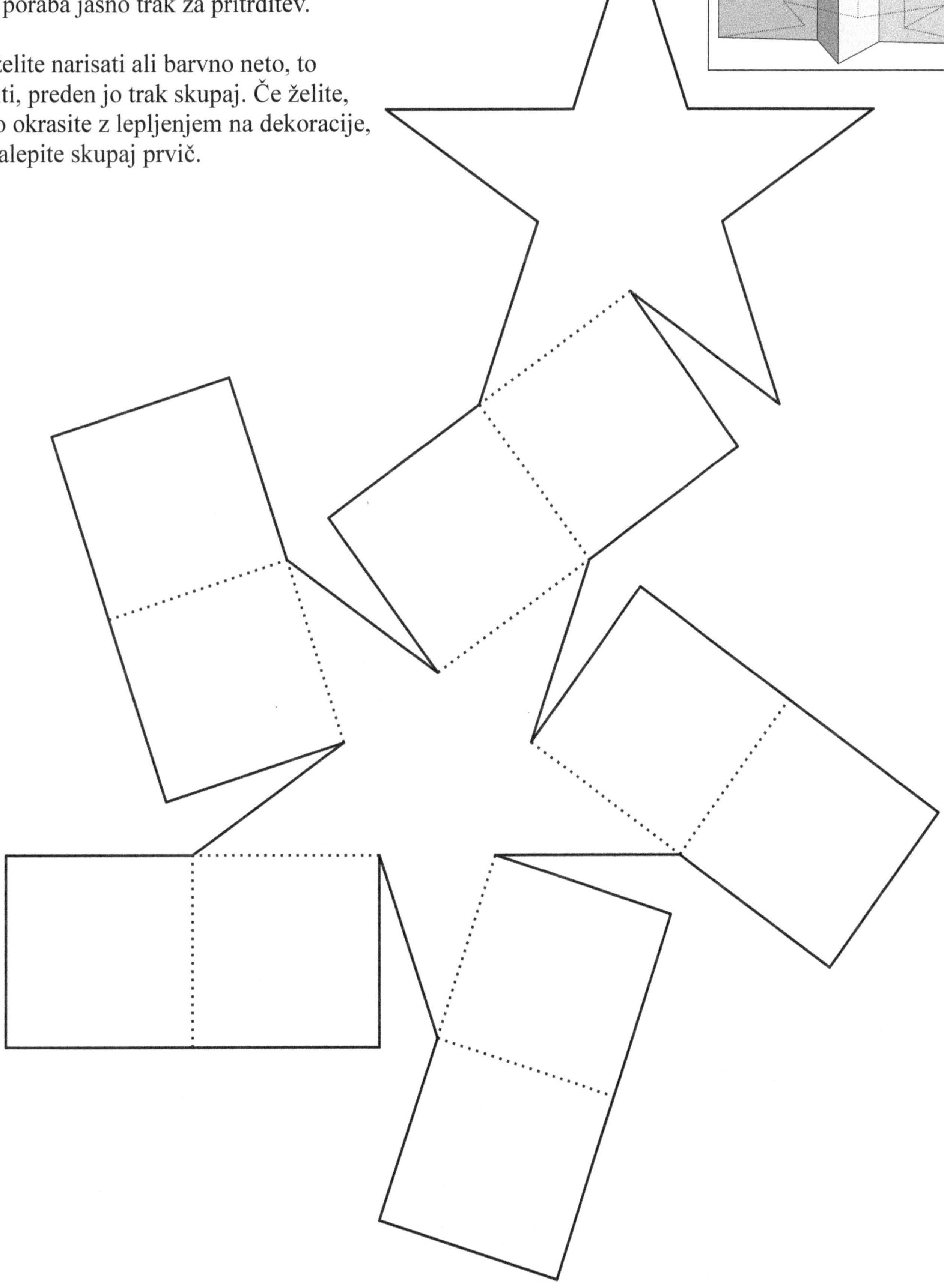

Pravokotni prizma

1. Izrežite vzdolž polne črte.
2. Zložite na nizajo linij.
3. Uporaba jasno trak za pritrditev.

Če želite narisati ali barvno neto, to storiti, preden jo
trak skupaj. Če želite, da jo okrasite z lepljenjem na
dekoracije, ga zalepite skupaj prvič.

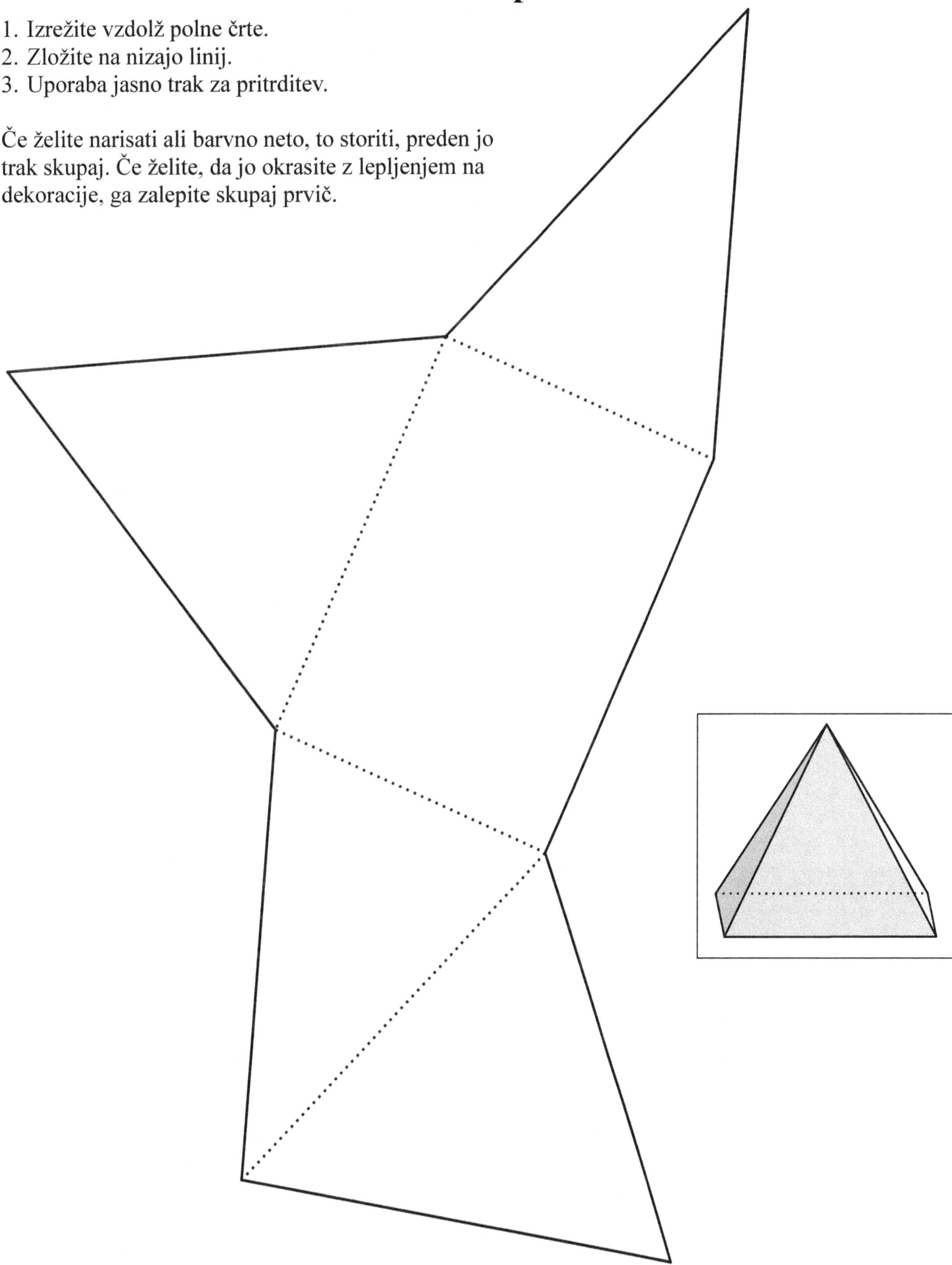

Rombični prizma

1. Izrežite vzdolž polne črte.
2. Zložite na nizajo linij.
3. Uporaba jasno trak za pritrditev.

Če želite narisati ali barvno
neto, to storiti, preden jo trak
skupaj. Če želite, da jo
okrasite z lepljenjem na
dekoracije, ga zalepite
skupaj prvič.

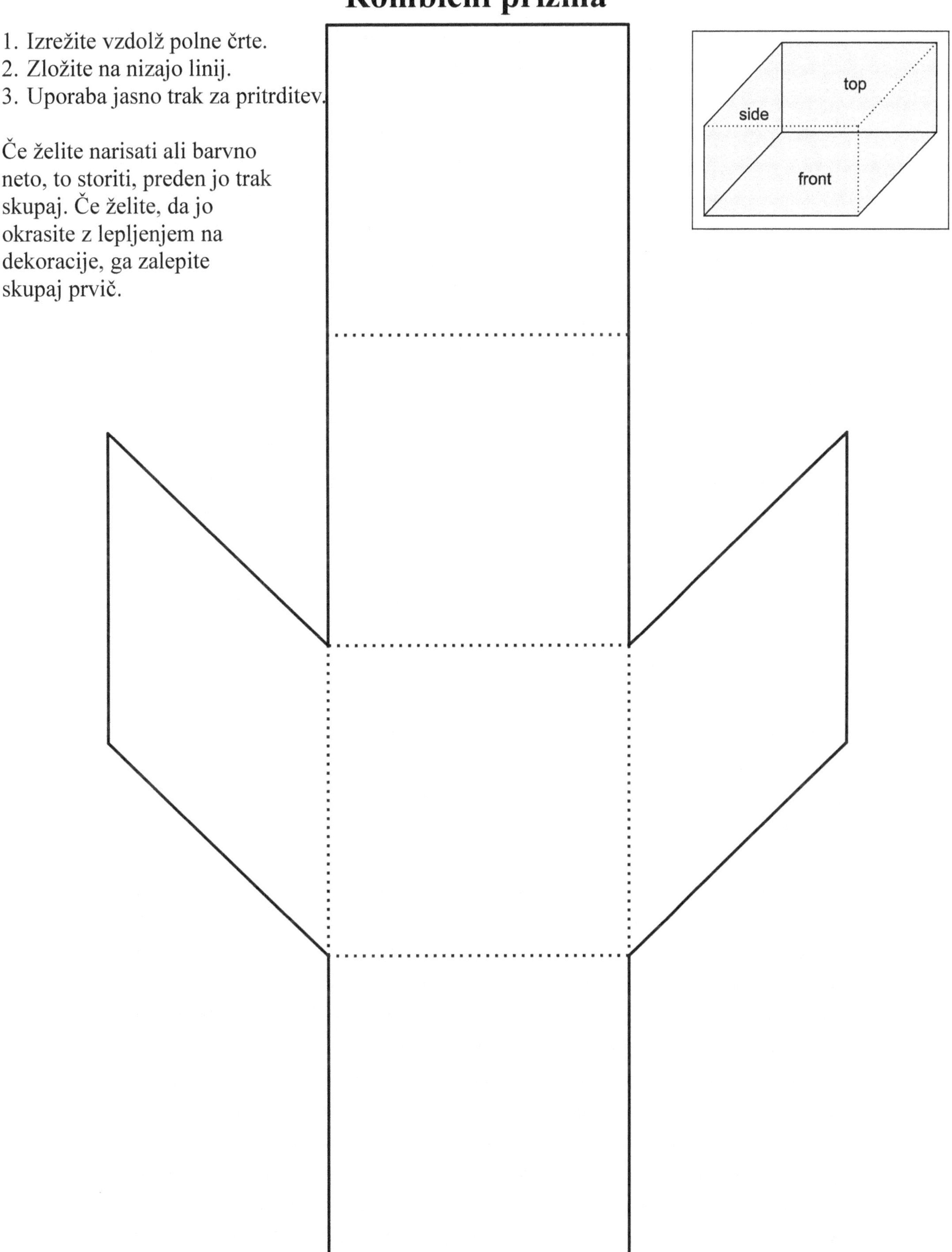

Rombikubooktaeder

1. Izrežite vzdolž polne črte.
2. Zložite na nizajo linij.
3. Uporaba jasno trak za pritrditev.

Če želite narisati ali barvno
neto, to storiti, preden jo trak
skupaj. Če želite, da jo okrasite
z lepljenjem na dekoracije, ga
zalepite skupaj prvič.

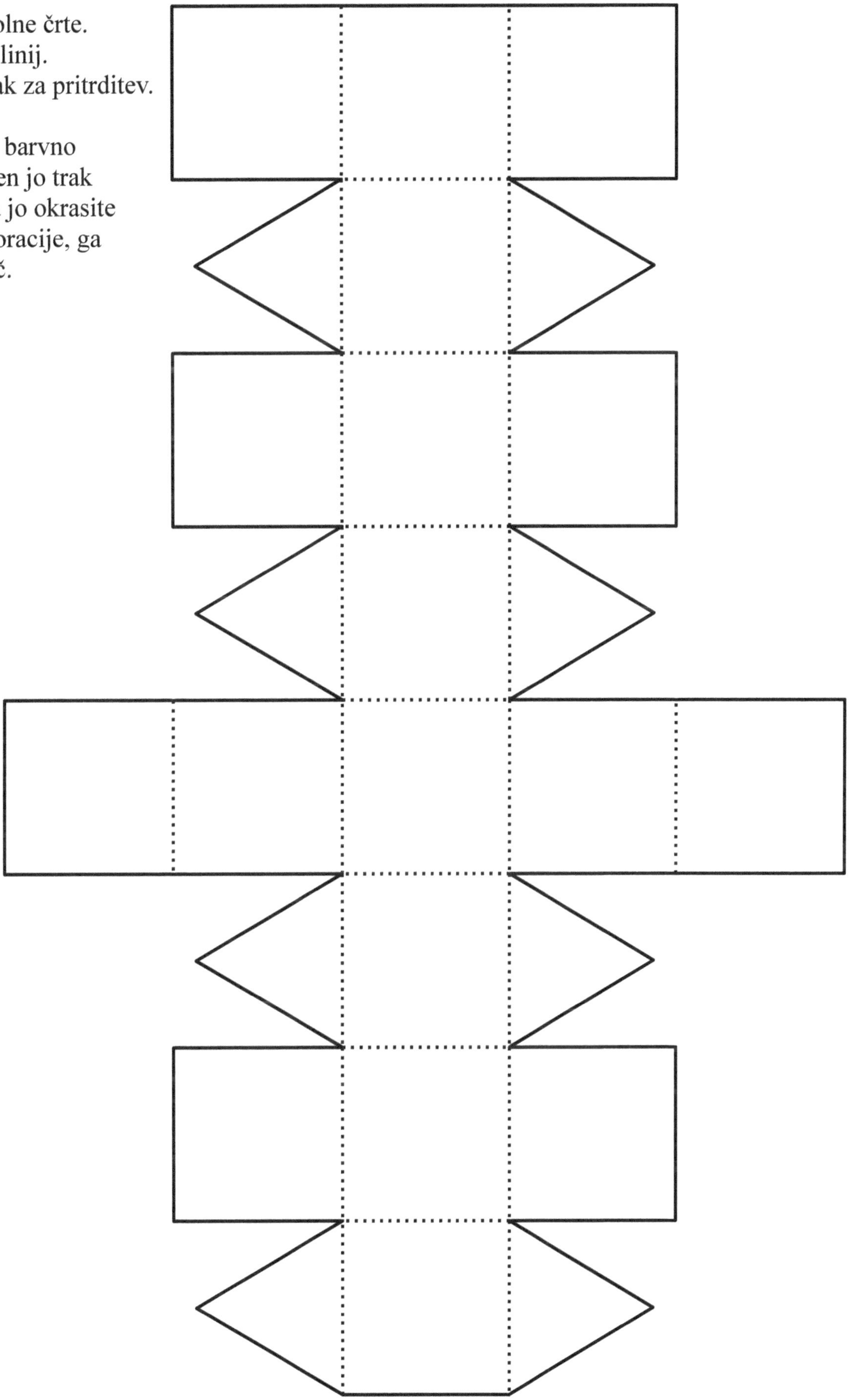

Mala rombidodekaeder

1. Izrežite vzdolž polne črte.
2. Zložite na nizajo linij.
3. Uporaba jasno trak za pritrditev.

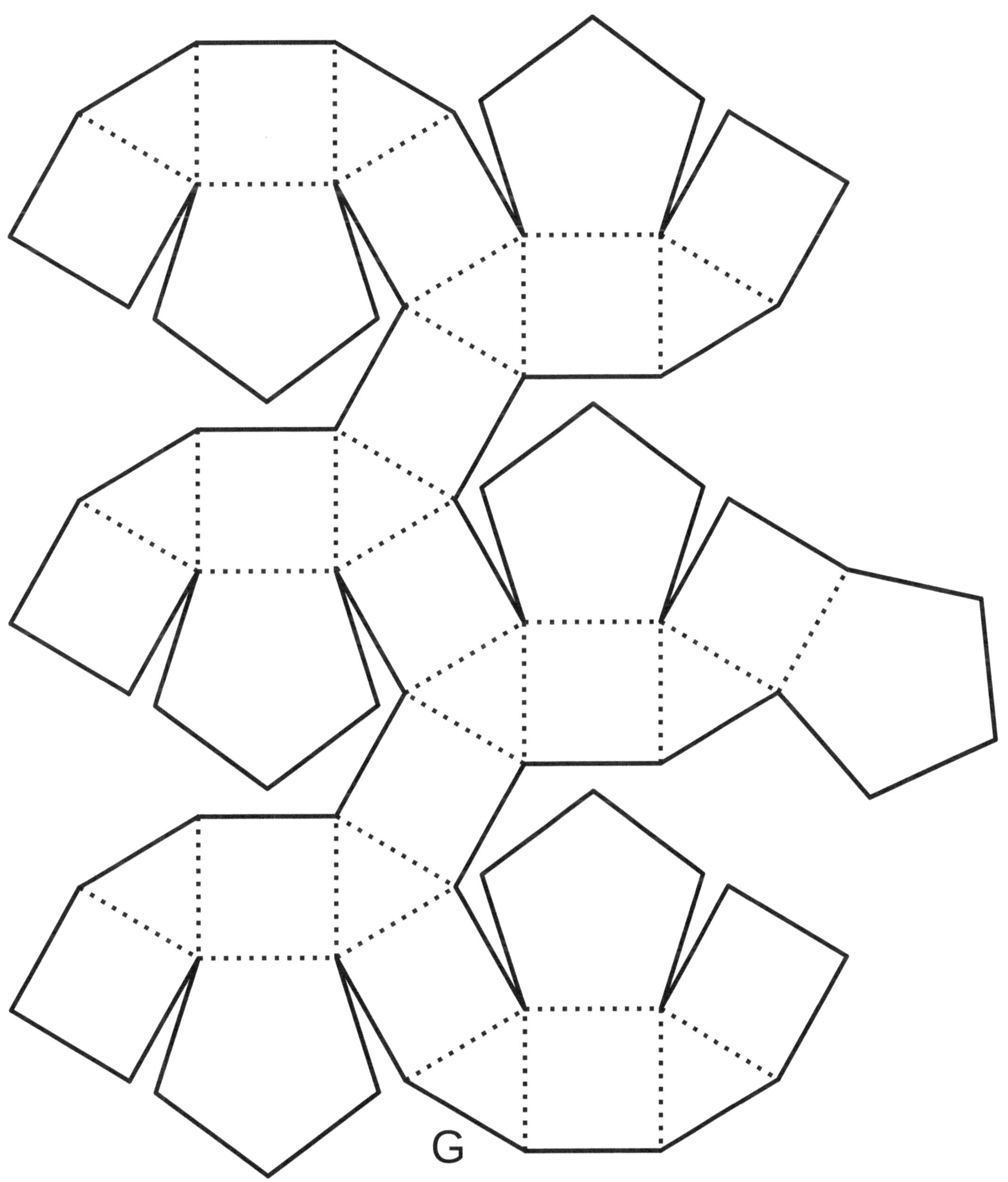

Če želite narisati ali barvno neto, to storiti, preden jo trak skupaj. Če želite, da jo okrasite z lepljenjem na dekoracije, ga zalepite skupaj prvič.

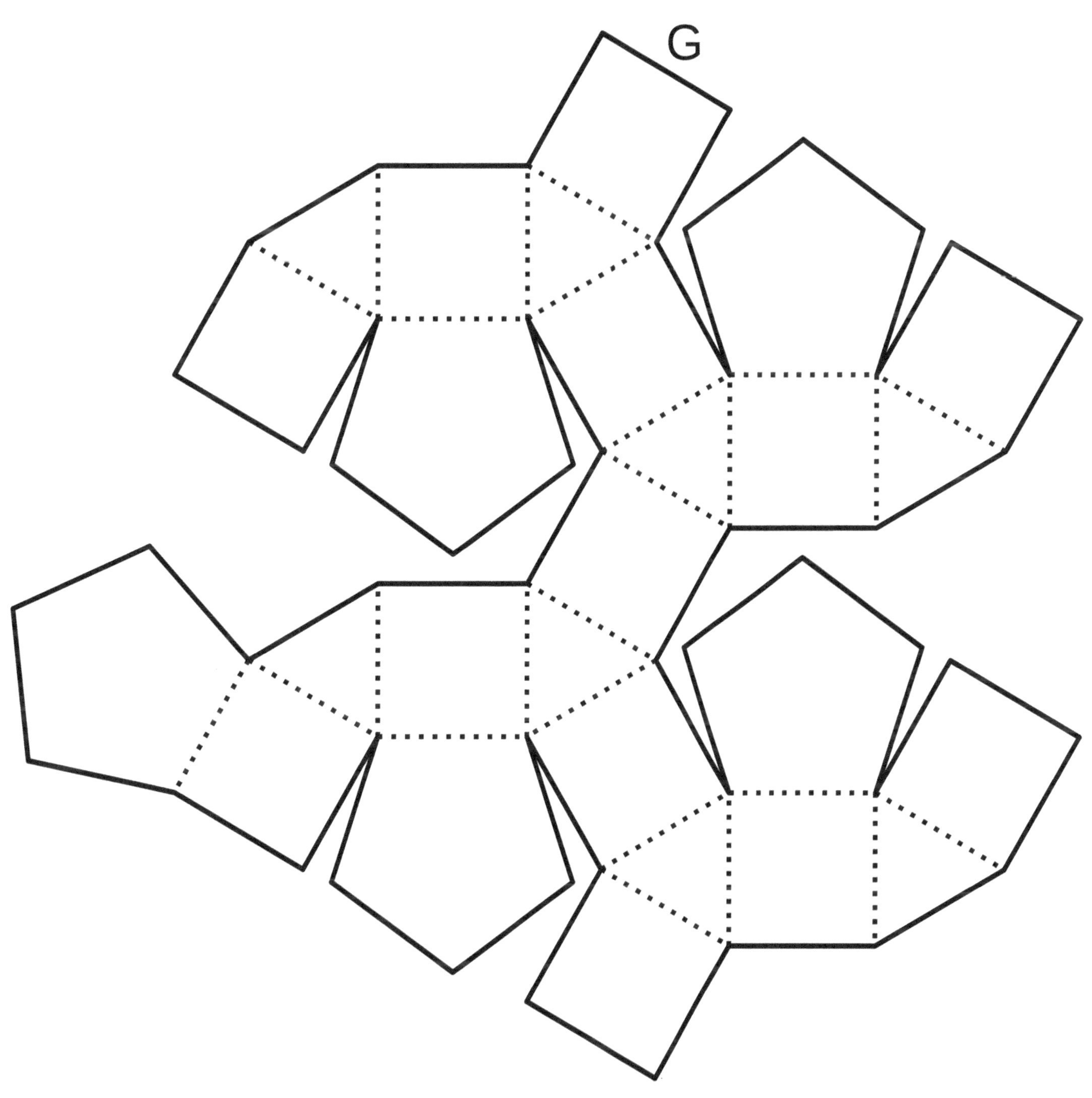

Mali zvezdni dodekaeder

1. To je dva del mreža.
   Kopirajte to stran in naslednji.
2. Izrežite obeh oblik vzdolž polne črte.
3. trak dve oblike skupaj na
   segment vrstici z oznako "A".
4. Zložite na nizajo linij.
5. Zložite nazaj na prekinjenih linijah.
6. Uporaba jasno trak za pritrditev.

Če želite narisati ali barvno mreža, to
storiti, preden jo trak skupaj. Če želite,
da jo okrasite z lepljenjem na dekoracije,
ga zalepite skupaj prvič.

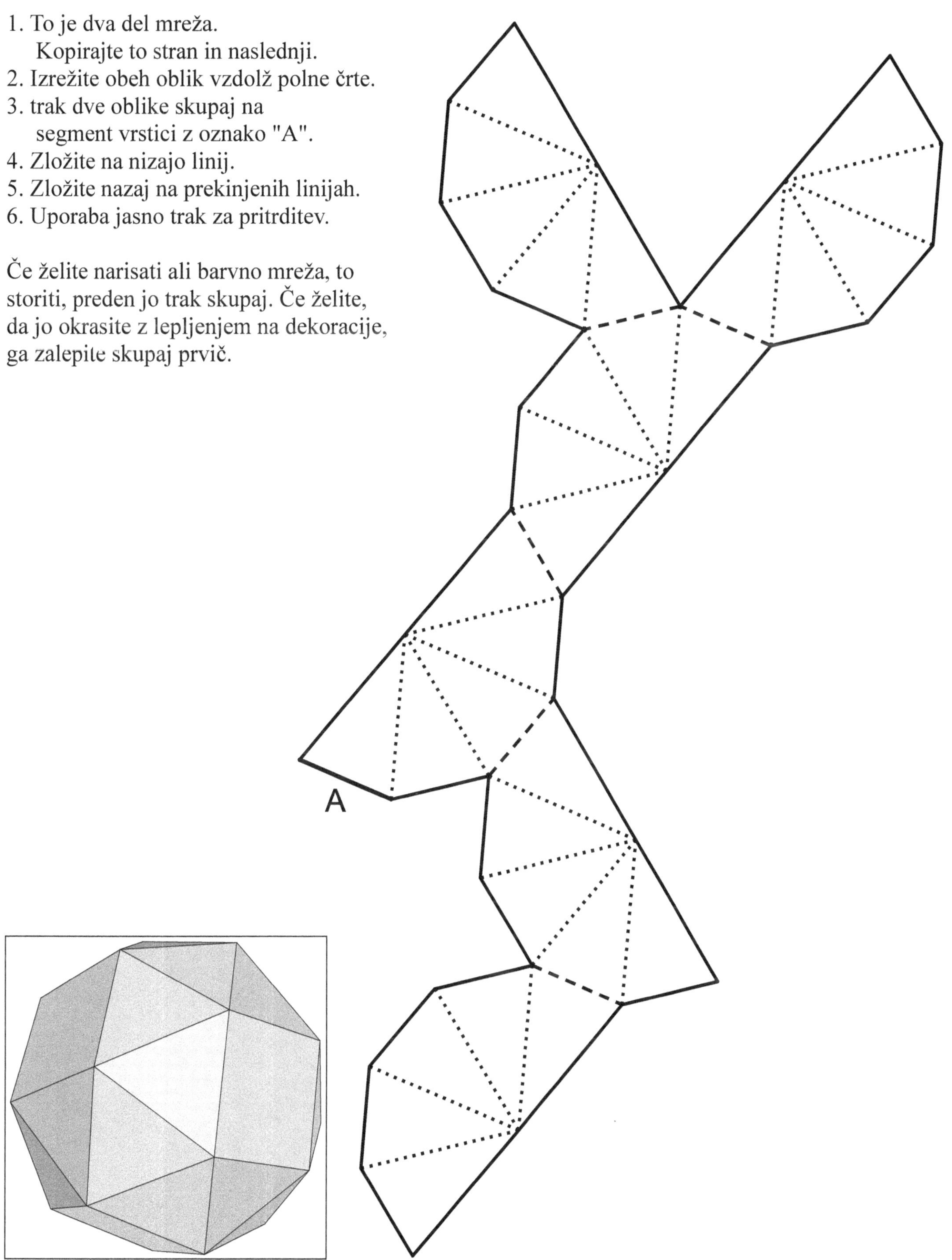

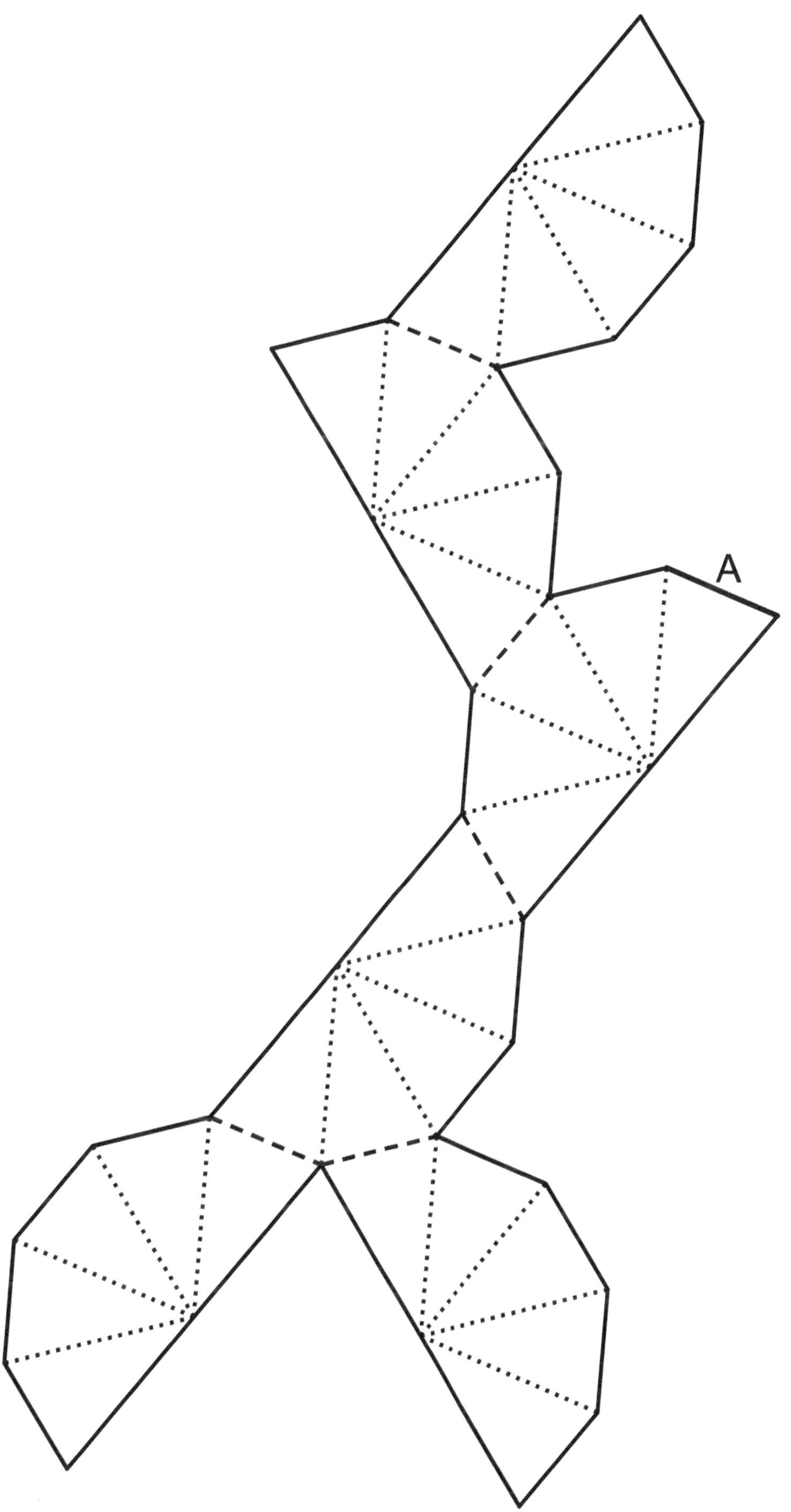

A

Prirezana kocka

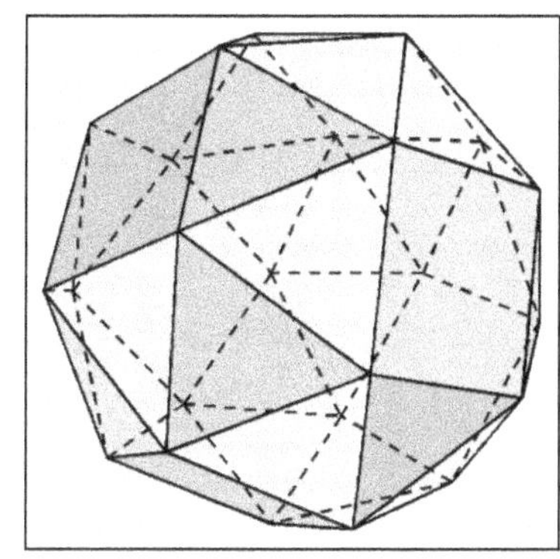

1. Izrežite vzdolž polne črte.
2. Zložite na nizajo linij.
3. Uporaba jasno trak za pritrditev.

Če želite narisati ali
barvno neto, to
storiti, preden jo
trak skupaj. Če želite,
da jo okrasite z lepljenjem
na dekoracije, ga
zalepite skupaj prvič.

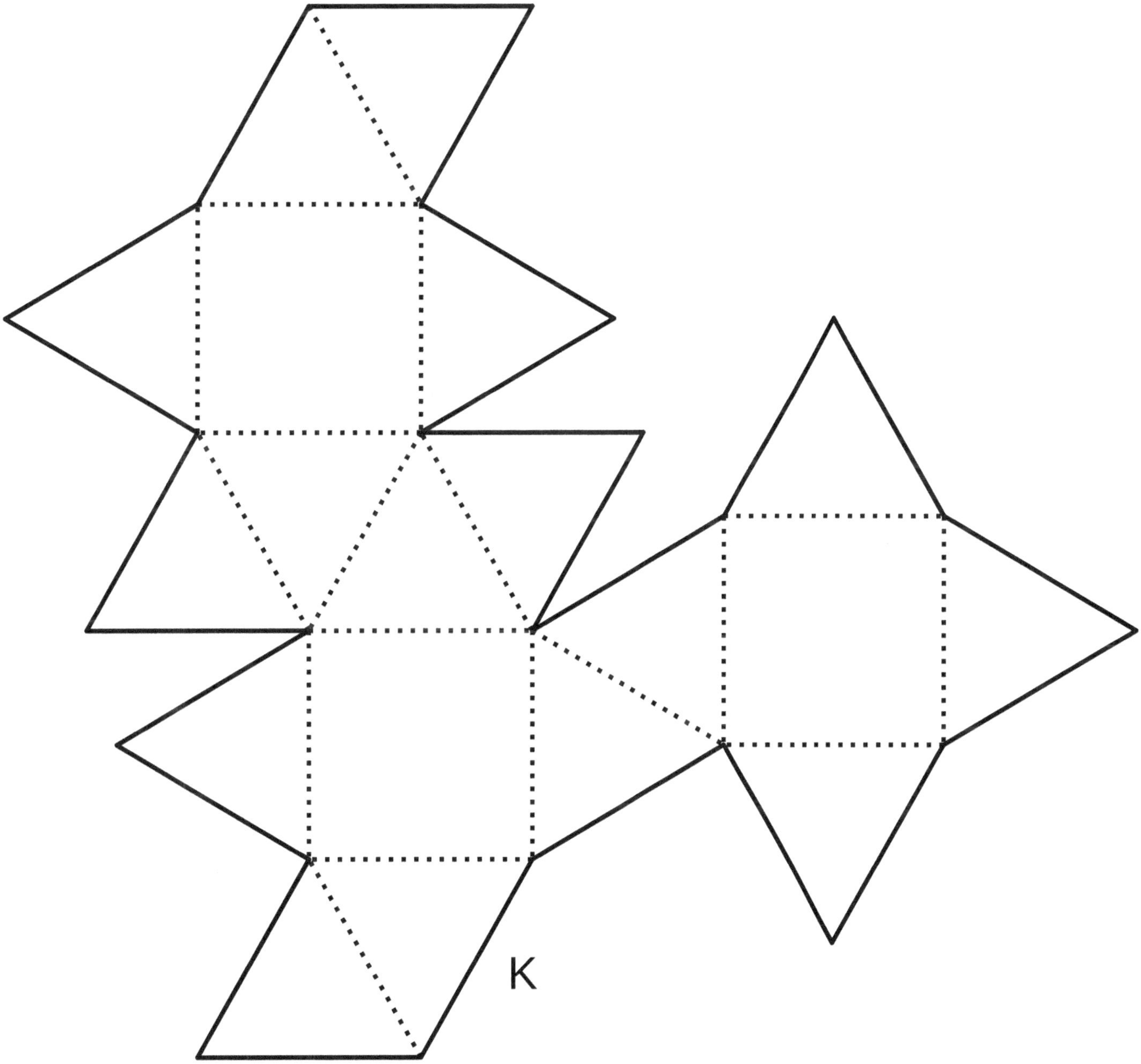

K

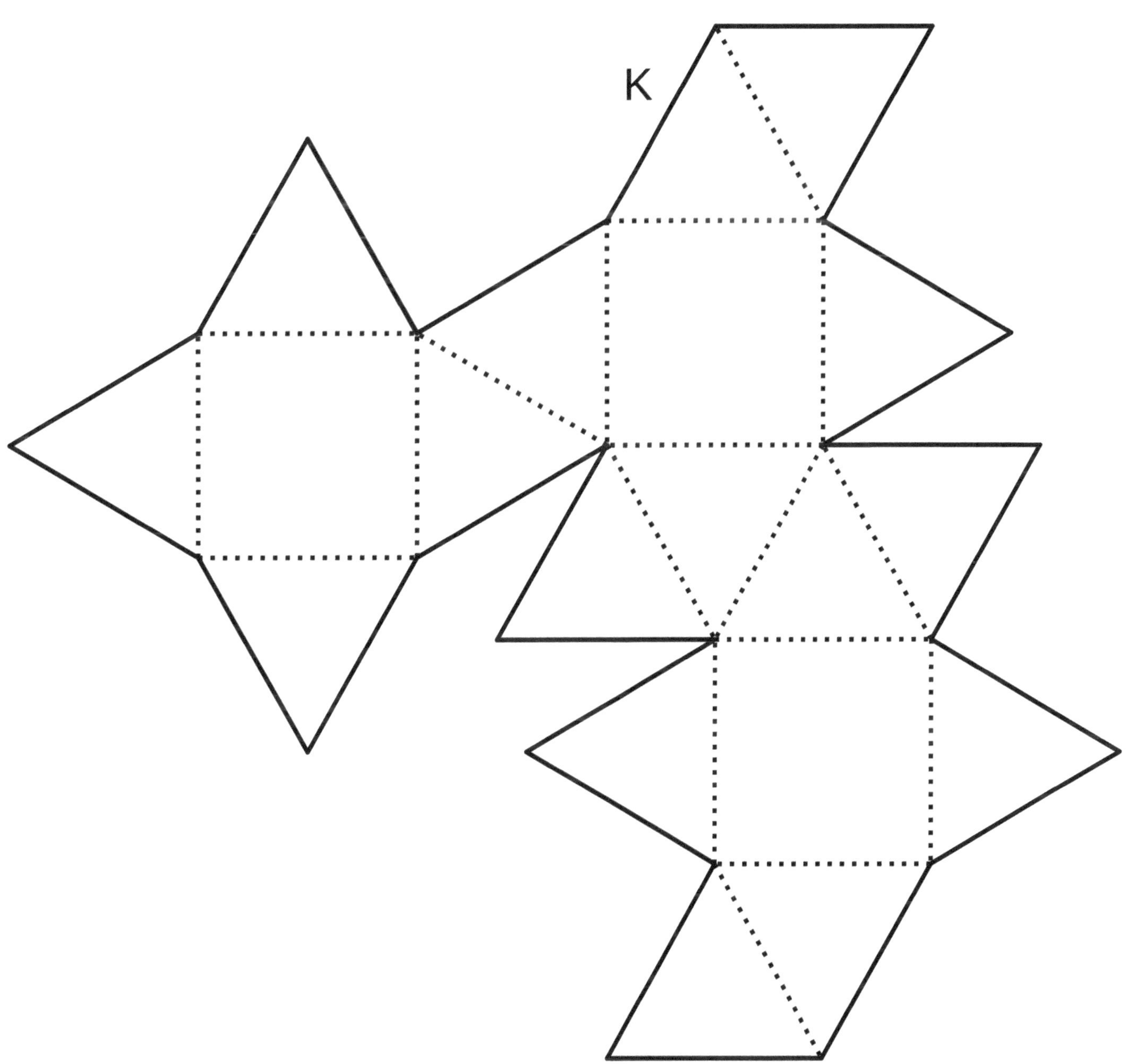

K

Prirezana dodekaeder

1. To je dva del mreža. Kopirajte eden od te strani in eden od drugega.
2. Izrežite vzdolž polne črte.
3. Pritrdite dveh delov z jasnim trakom na segmentu oznako "Z".
4. Zložite na nizajo linij.
5. Uporaba jasno trak za pritrditev.

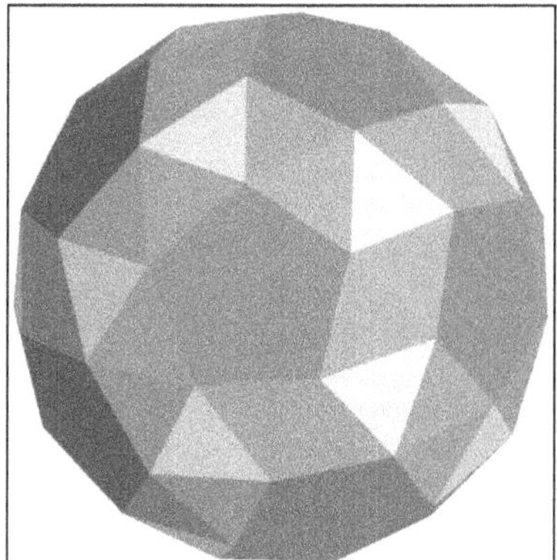

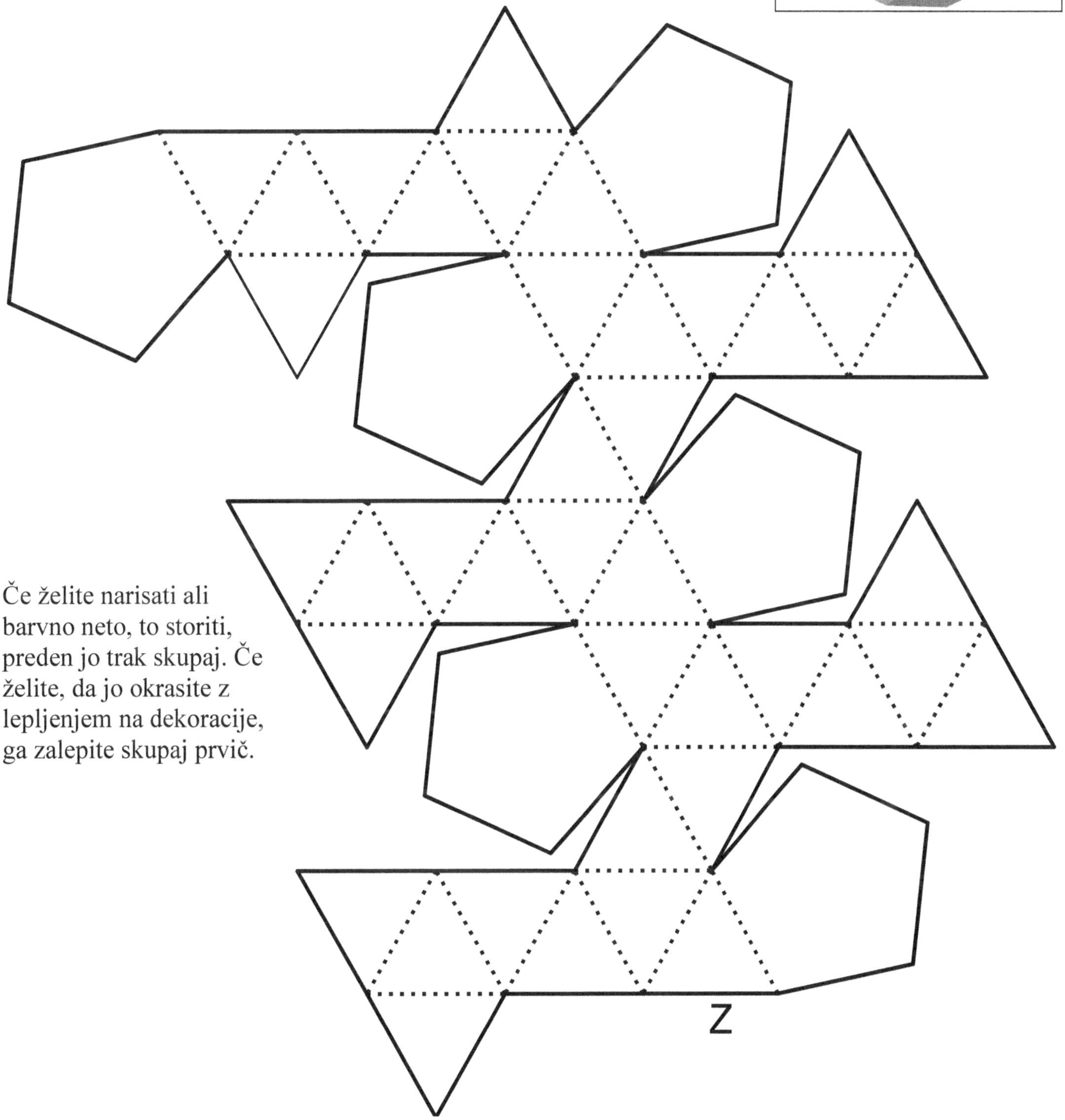

Če želite narisati ali barvno neto, to storiti, preden jo trak skupaj. Če želite, da jo okrasite z lepljenjem na dekoracije, ga zalepite skupaj prvič.

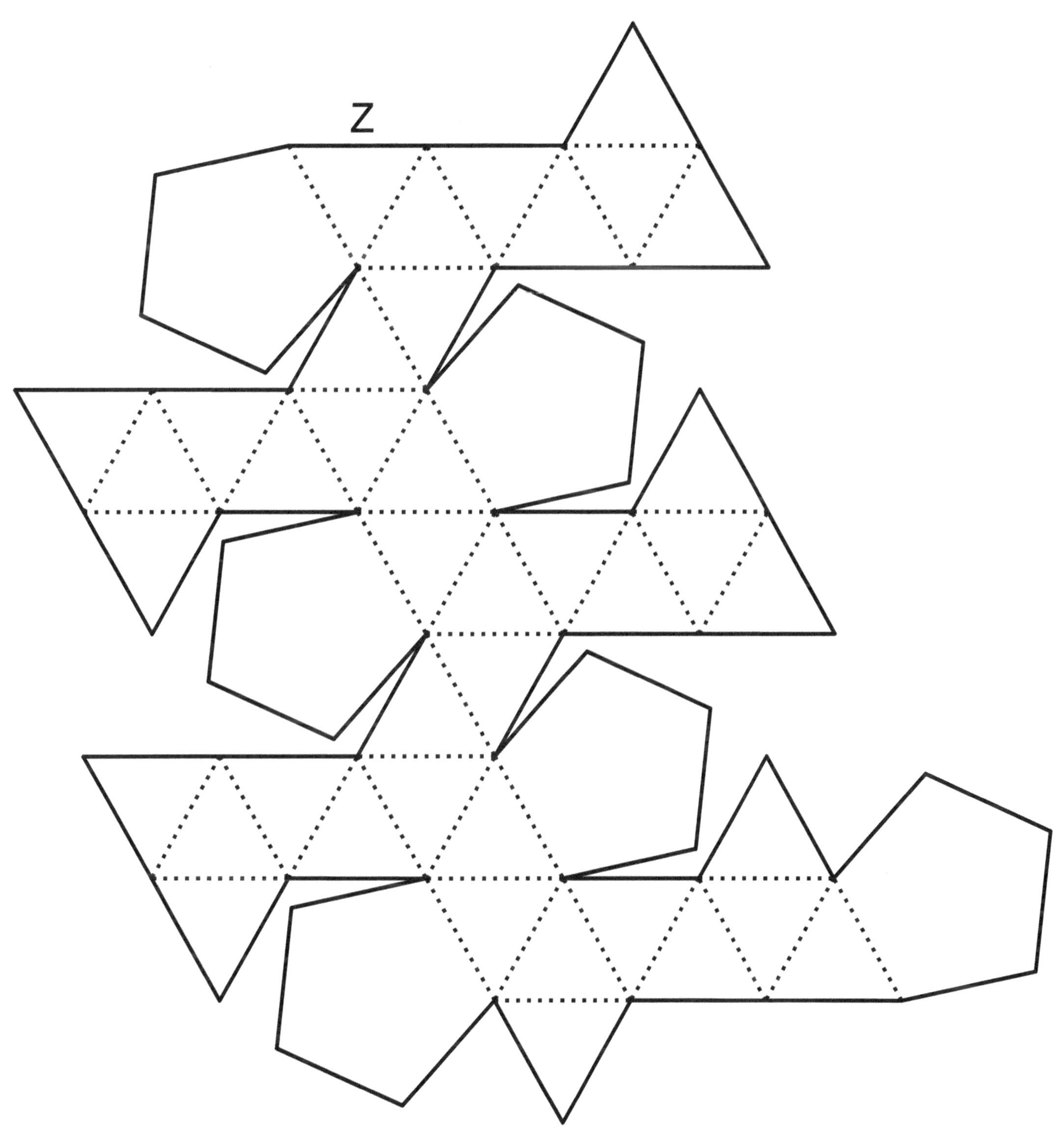
Z

Kvadratna antiprizma

1. Izrežite vzdolž polne črte.
2. Zložite na nizajo linij.
3. Uporaba jasno trak za pritrditev.

Če želite narisati ali barvno neto,
to storiti, preden jo trak skupaj.
Če želite, da jo okrasite z
lepljenjem na dekoracije, ga
zalepite skupaj prvič.

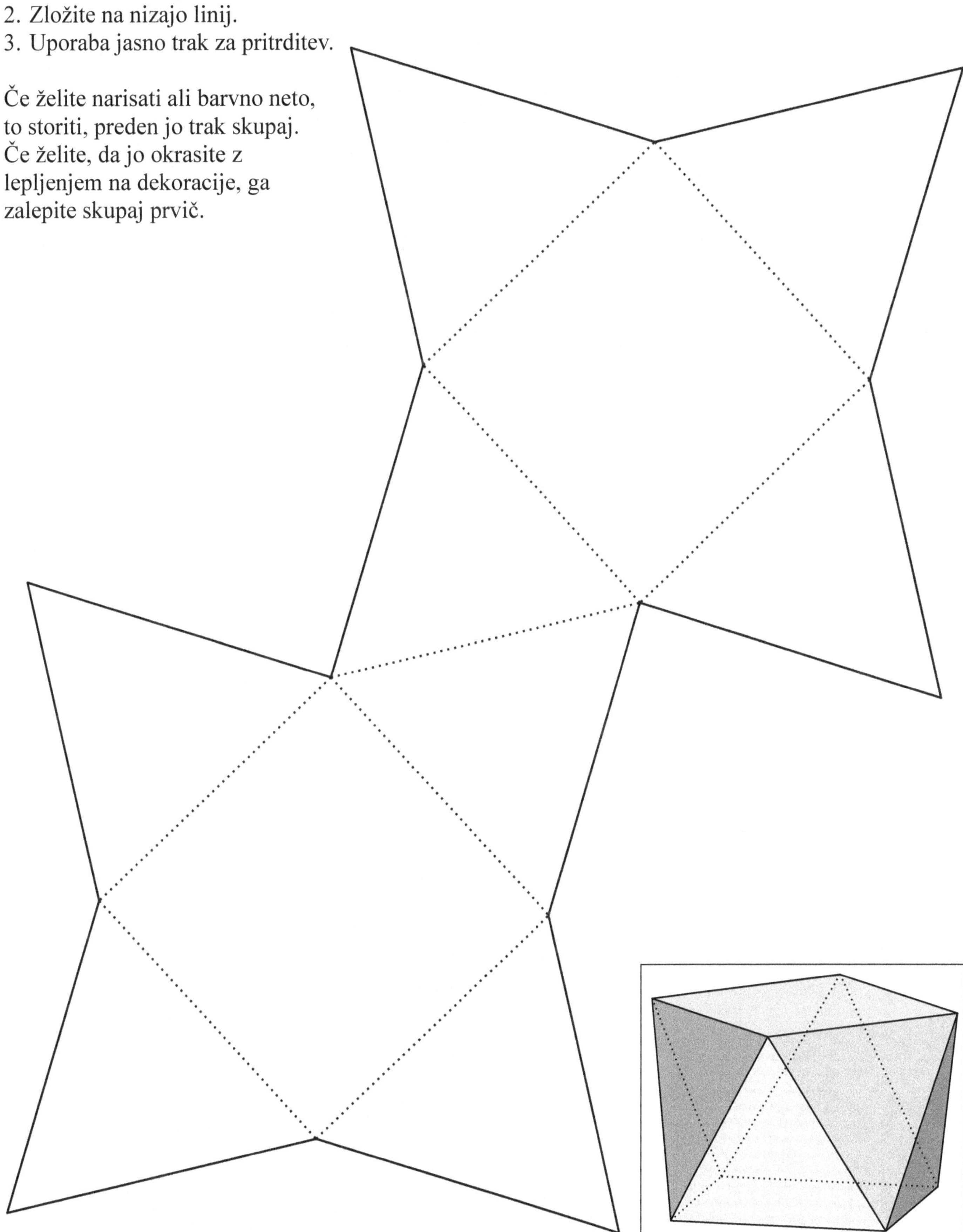

Kvadratna kupola

1. Izrežite vzdolž polne črte.
2. Zložite na nizajo linij.
3. Uporaba jasno trak za pritrditev.

Če želite narisati ali barvno neto, to storiti, preden
jo trak skupaj. Če želite, da jo okrasite z lepljenjem
na dekoracije, ga zalepite skupaj prvič.

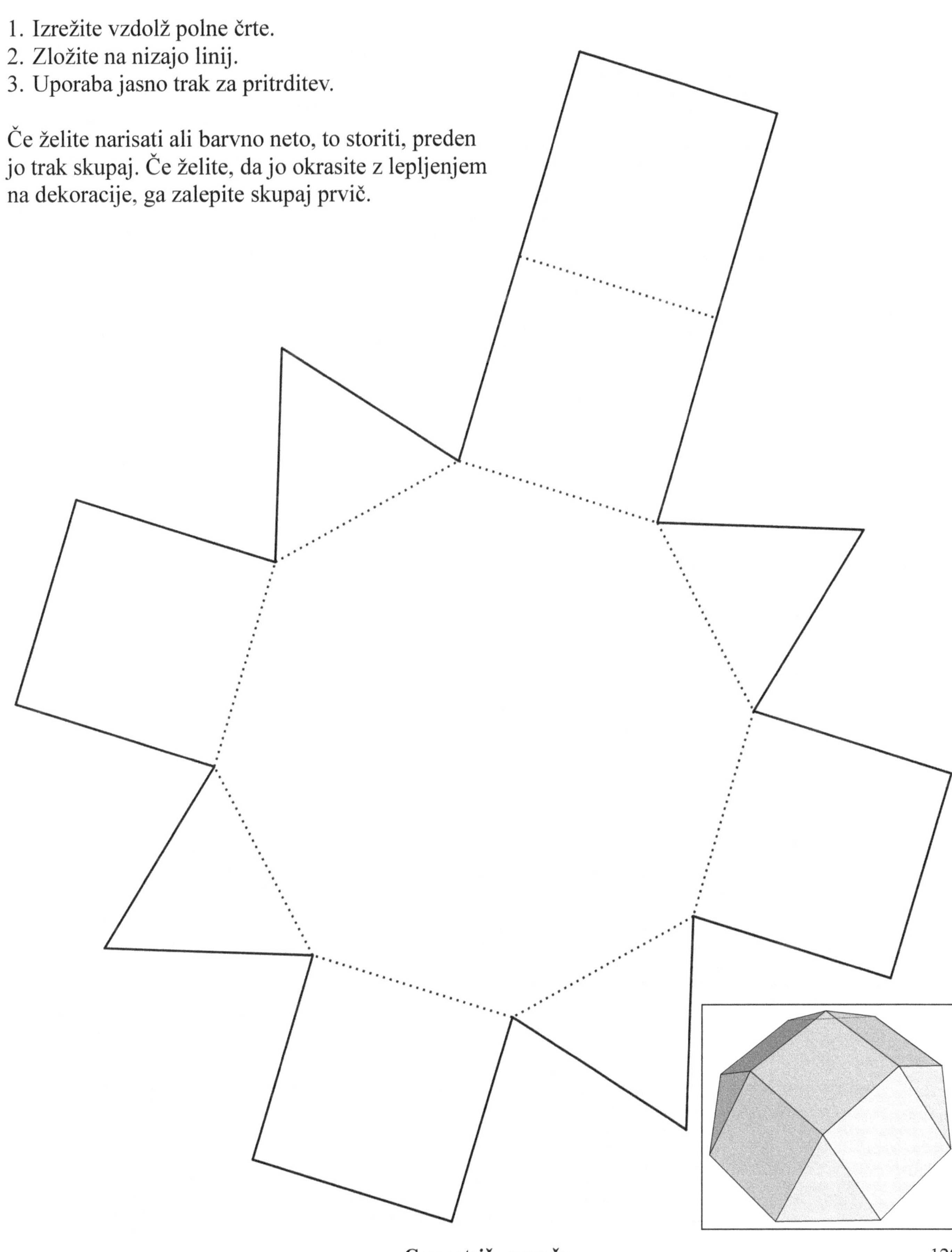

Kvadratna piramida

1. Izrežite vzdolž polne črte.
2. Zložite na nizajo linij.
3. Uporaba jasno trak za pritrditev.

Če želite narisati ali barvno neto, to
storiti, preden jo trak skupaj. Če
želite, da jo okrasite z lepljenjem
na dekoracije, ga zalepite skupaj prvič.

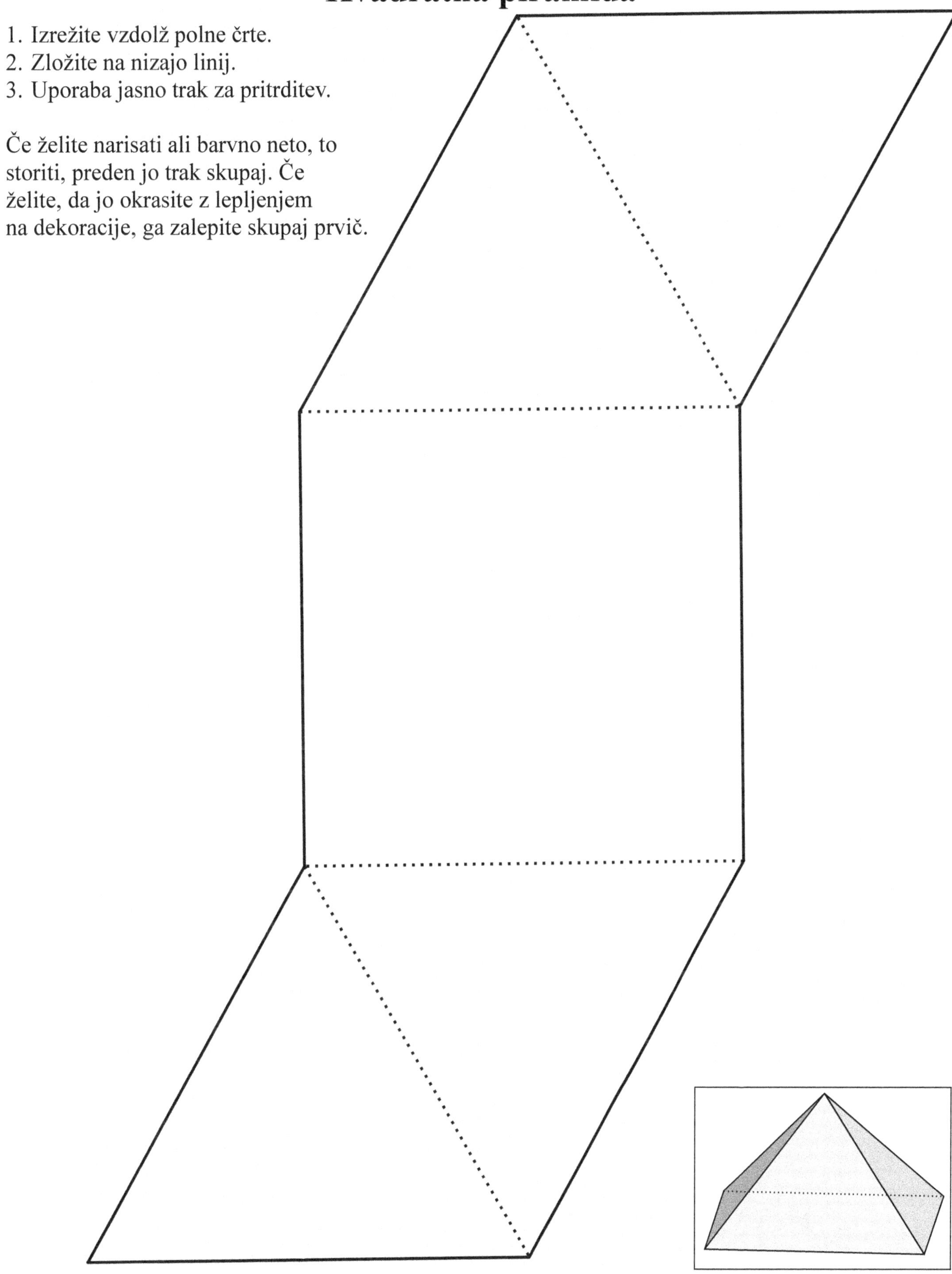

Kvadratna trapezoeder

1. Izrežite vzdolž polne črte.
2. Zložite na nizajo linij.
3. Uporaba jasno trak za pritrditev.

Če želite narisati ali barvno neto, to storiti,
preden jo trak skupaj. Če želite, da jo
okrasite z lepljenjem na dekoracije, ga
zalepite skupaj prvič.

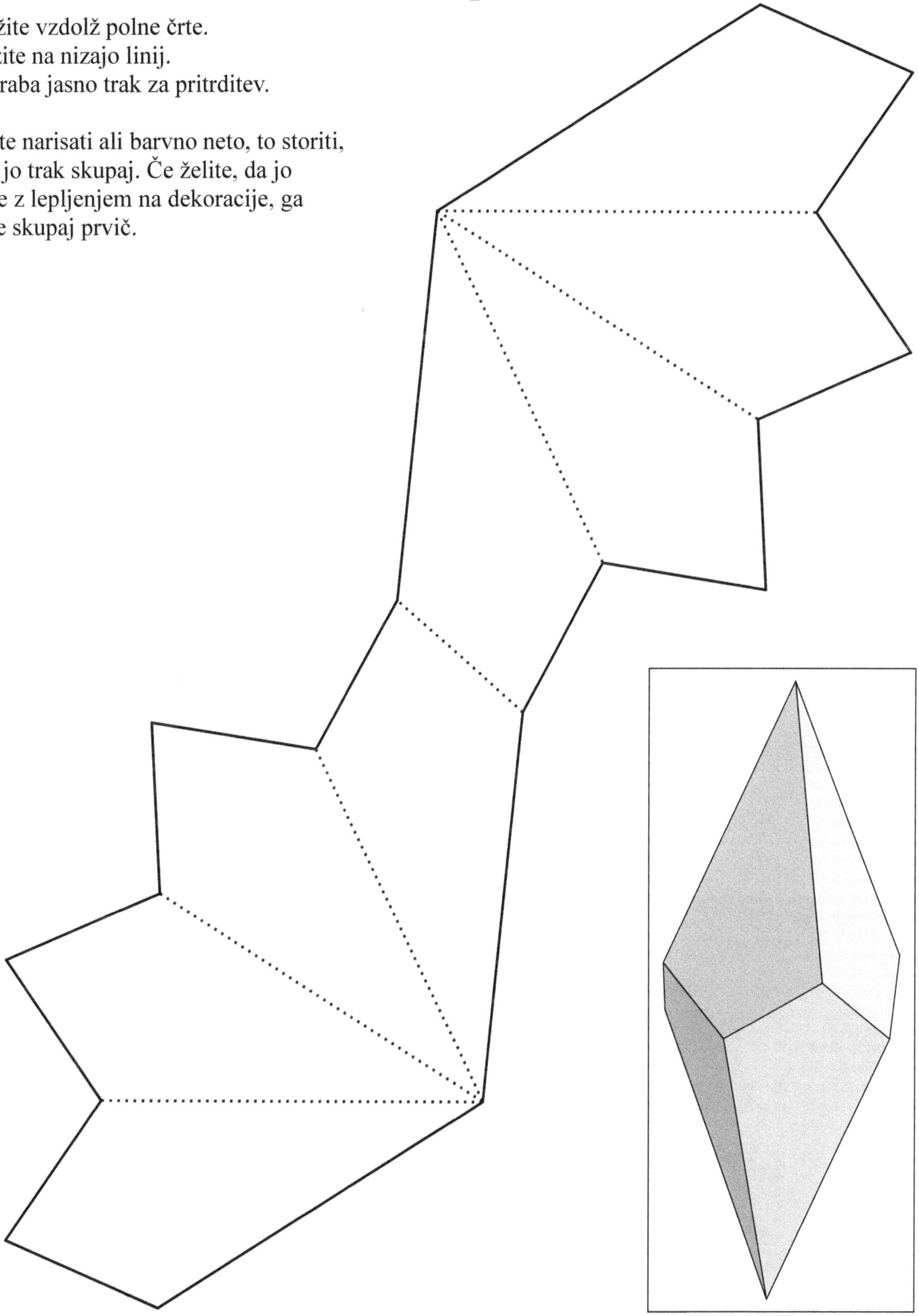

Devetinpetdeset oktaeder

1. Izrežite vzdolž polne črte.
2. Zložite naprej na pikčastih črt.
3. Nagnite nazaj na pikčasto in pikčastih črt.
4. Uporabite jasno trak za pritrditev.

Če želite narisati ali barvno neto, to storiti, preden jo trak skupaj. Če želite, da jo okrasite z lepljenjem na dekoracije, ga zalepite skupaj prvič.

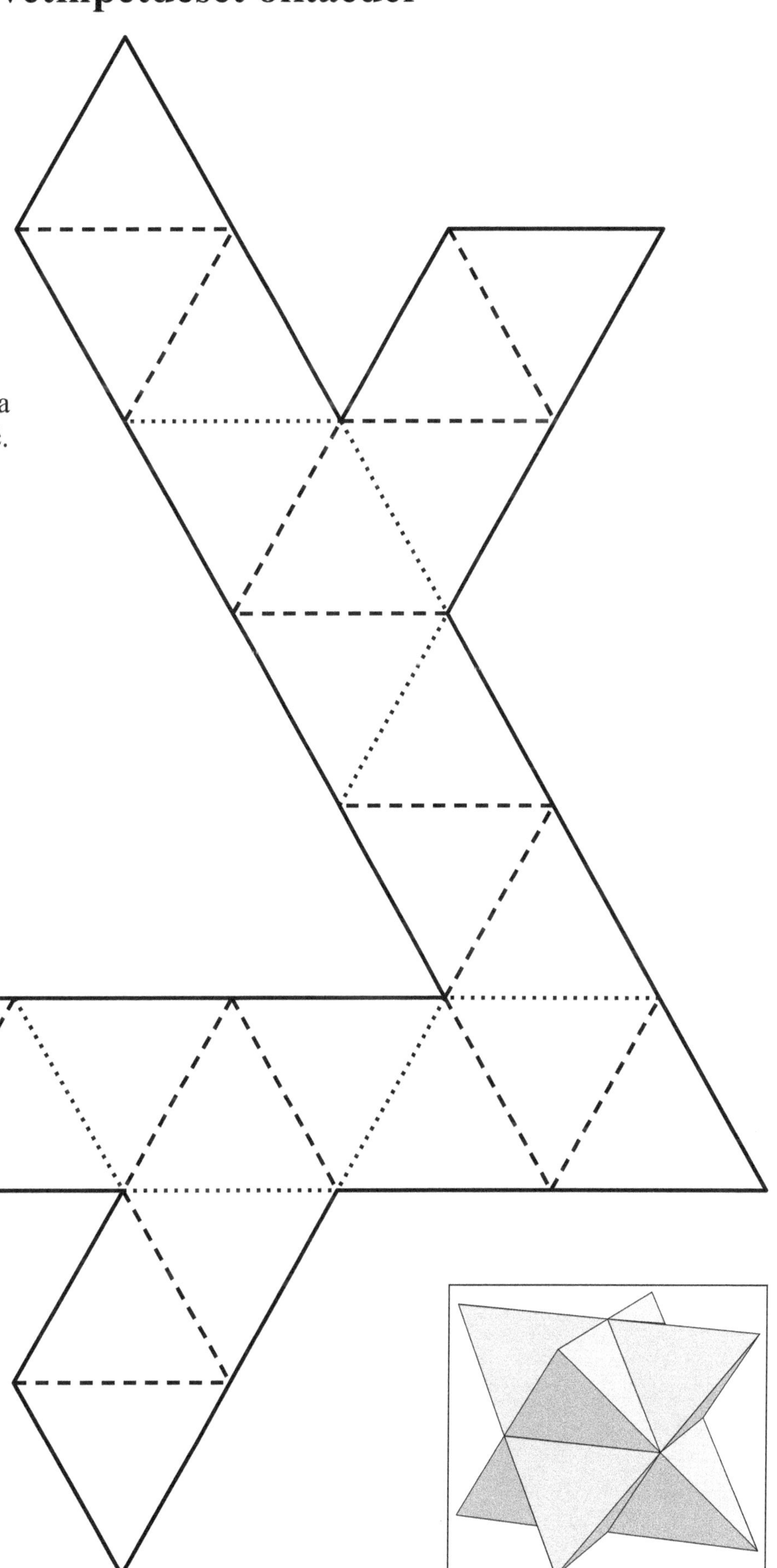

Pravilni Tetraeder

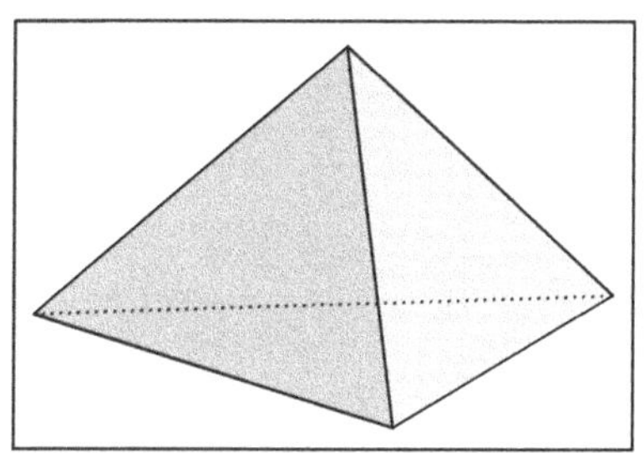

1. Izrežite vzdolž polne črte.
2. Zložite na nizajo linij.
3. Uporaba jasno trak za pritrditev.

Če želite narisati ali barvno neto, to storiti, preden jo trak skupaj. Če želite, da jo okrasite z lepljenjem na dekoracije, ga zalepite skupaj prvič.

Za več informacij o tetraedrov, pojdite na http://www.allmathwords.org/en/t/tetrahedron.html.

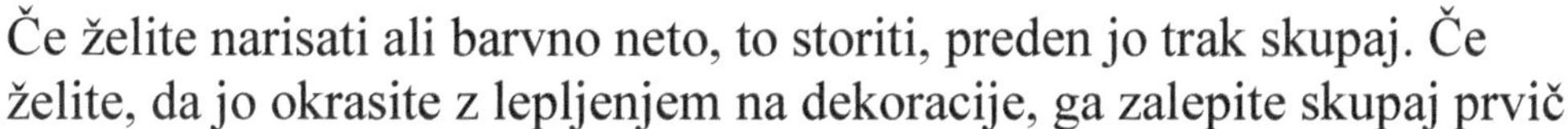

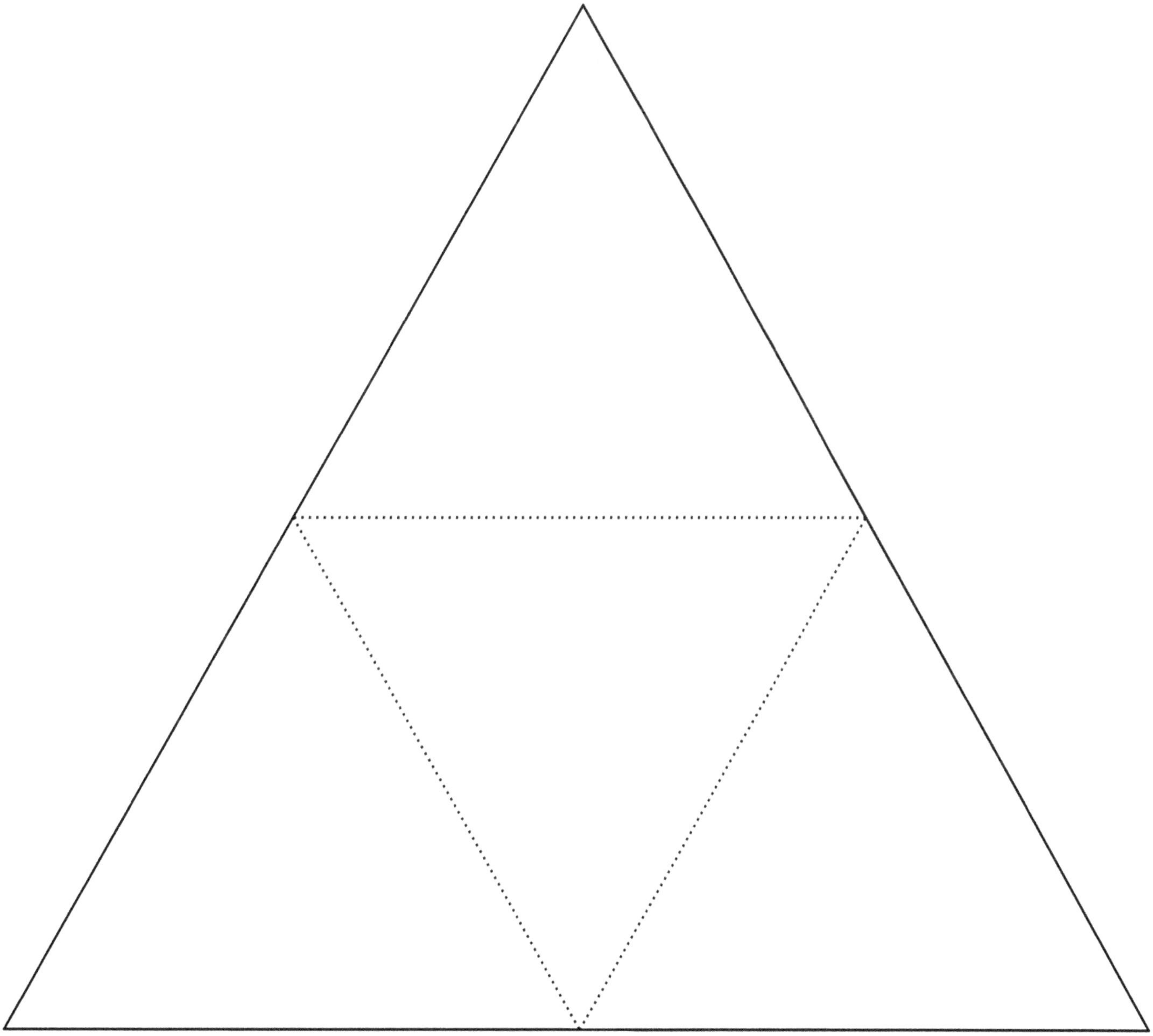

Tetrakisni heksaeder

Ta številka se imenuje tudi disdiakisni heksaeder.

1. Izrežite vzdolž polne črte.
2. Zložite na nizajo linij.
3. Uporaba jasno trak za pritrditev.

Če želite narisati ali barvno neto, to storiti, preden
jo trak skupaj. Če želite, da jo okrasite z lepljenjem
na dekoracije, ga zalepite skupaj prvič.

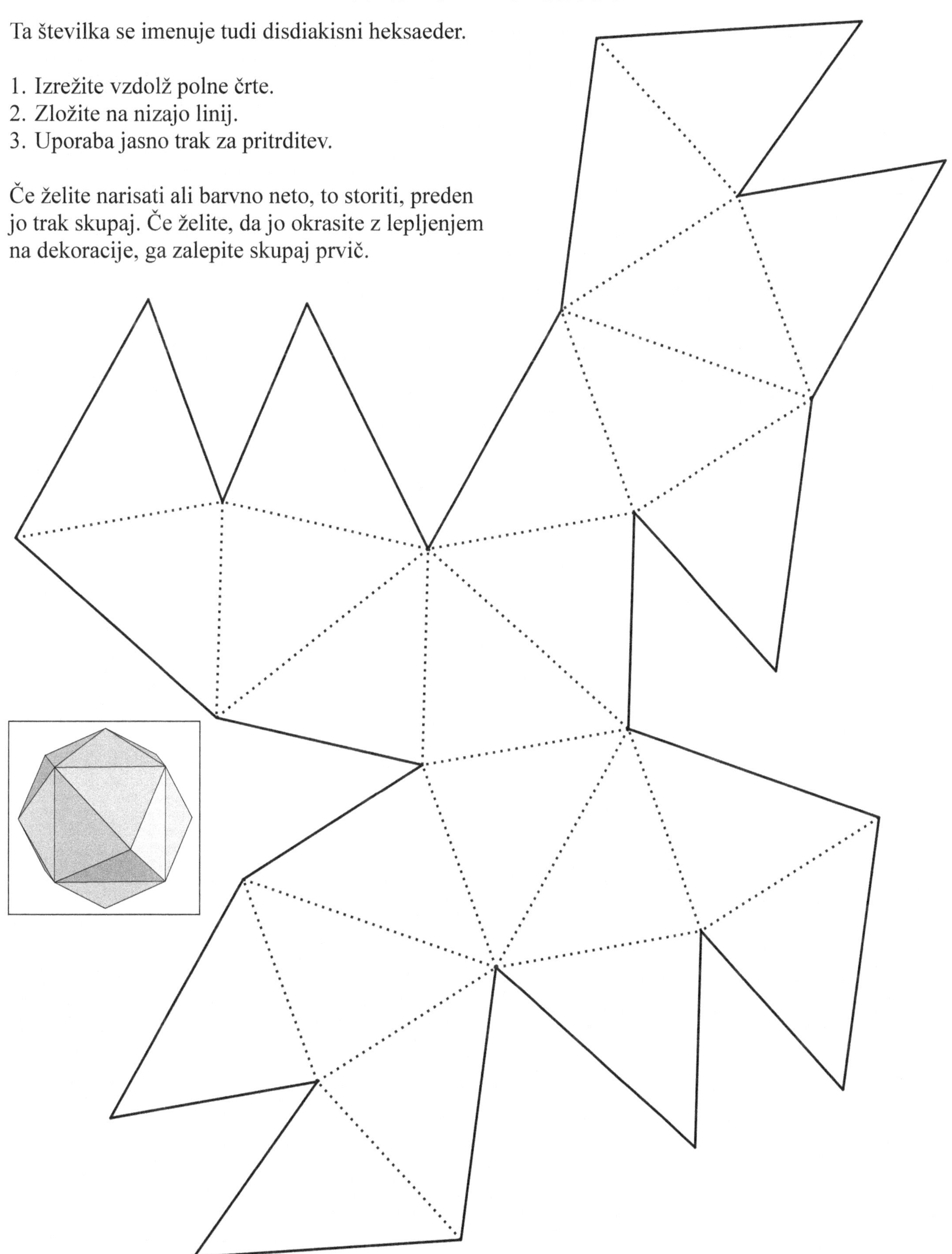

Triakisni oktaeder

1. Izrežite vzdolž polne črte.
2. Zložite na nizajo linij.
3. Uporaba jasno trak za pritrditev.

Če želite narisati ali barvno neto, to storiti, preden jo
trak skupaj. Če želite, da jo okrasite z lepljenjem na
dekoracije, ga zalepite skupaj prvič.

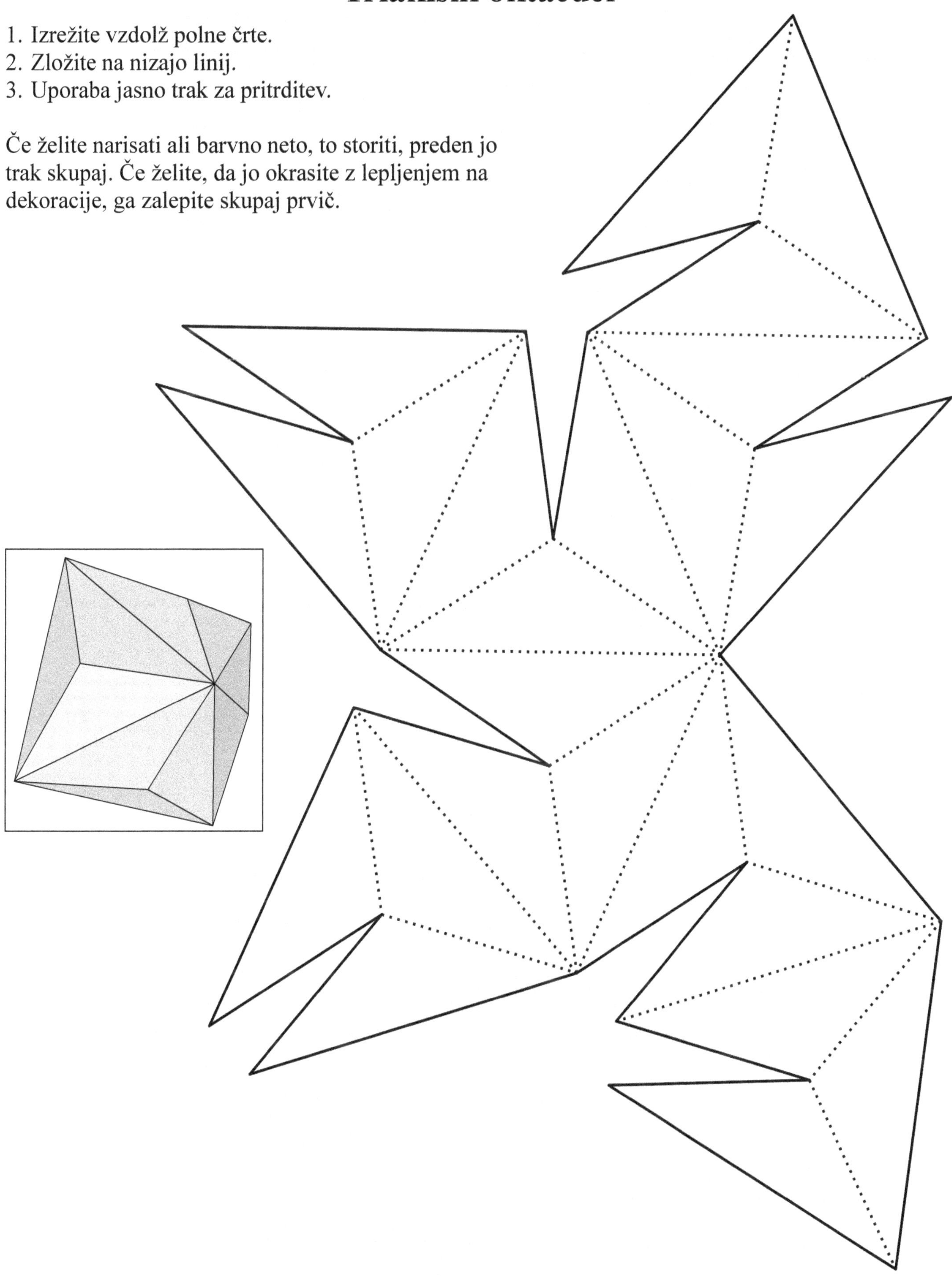

Triakisni tetraeder

1. Izrežite vzdolž polne črte.
2. Zložite na nizajo linij.
3. Uporaba jasno trak za pritrditev.

Če želite narisati ali barvno neto, to storiti, preden jo
trak skupaj. Če želite, da jo okrasite z lepljenjem na
dekoracije, ga zalepite skupaj prvič.

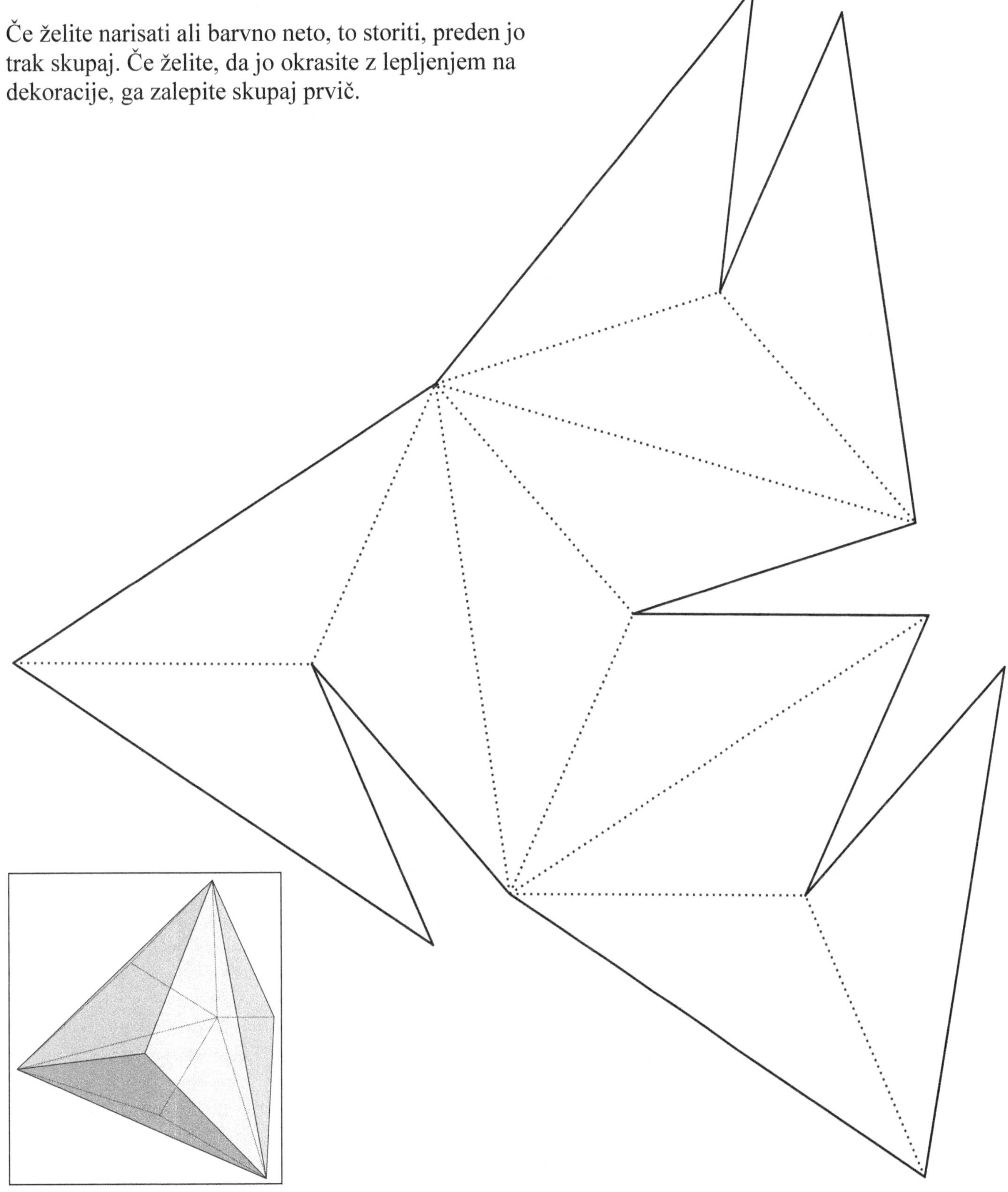

Tristrana kupola

1. Izrežite vzdolž polne črte.
2. Zložite na nizajo linij.
3. Uporaba jasno trak za pritrditev.

Če želite narisati ali barvno
neto, to storiti, preden jo trak
skupaj. Če želite, da jo okrasite z
lepljenjem na dekoracije, ga
zalepite skupaj prvič.

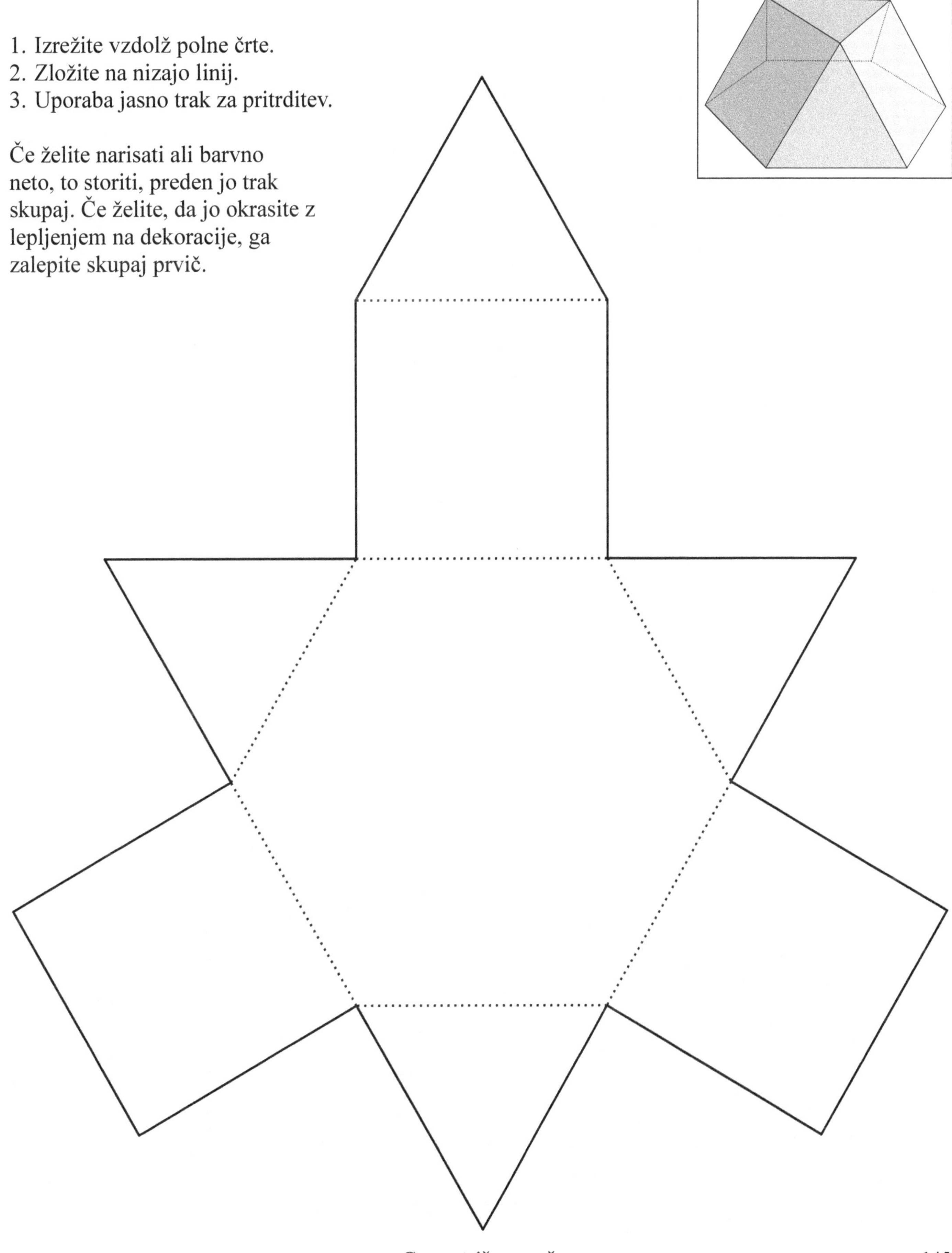

Tristrana bipiramida

1. Izrežite vzdolž polne črte.
2. Zložite na nizajo linij.
3. Uporaba jasno trak za pritrditev.

Če želite narisati ali barvno neto, to storiti, preden jo trak skupaj. Če želite, da jo okrasite z lepljenjem na dekoracije, ga zalepite skupaj prvič.

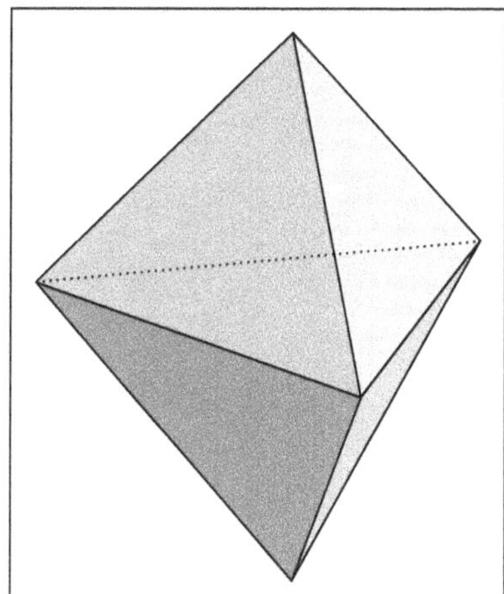

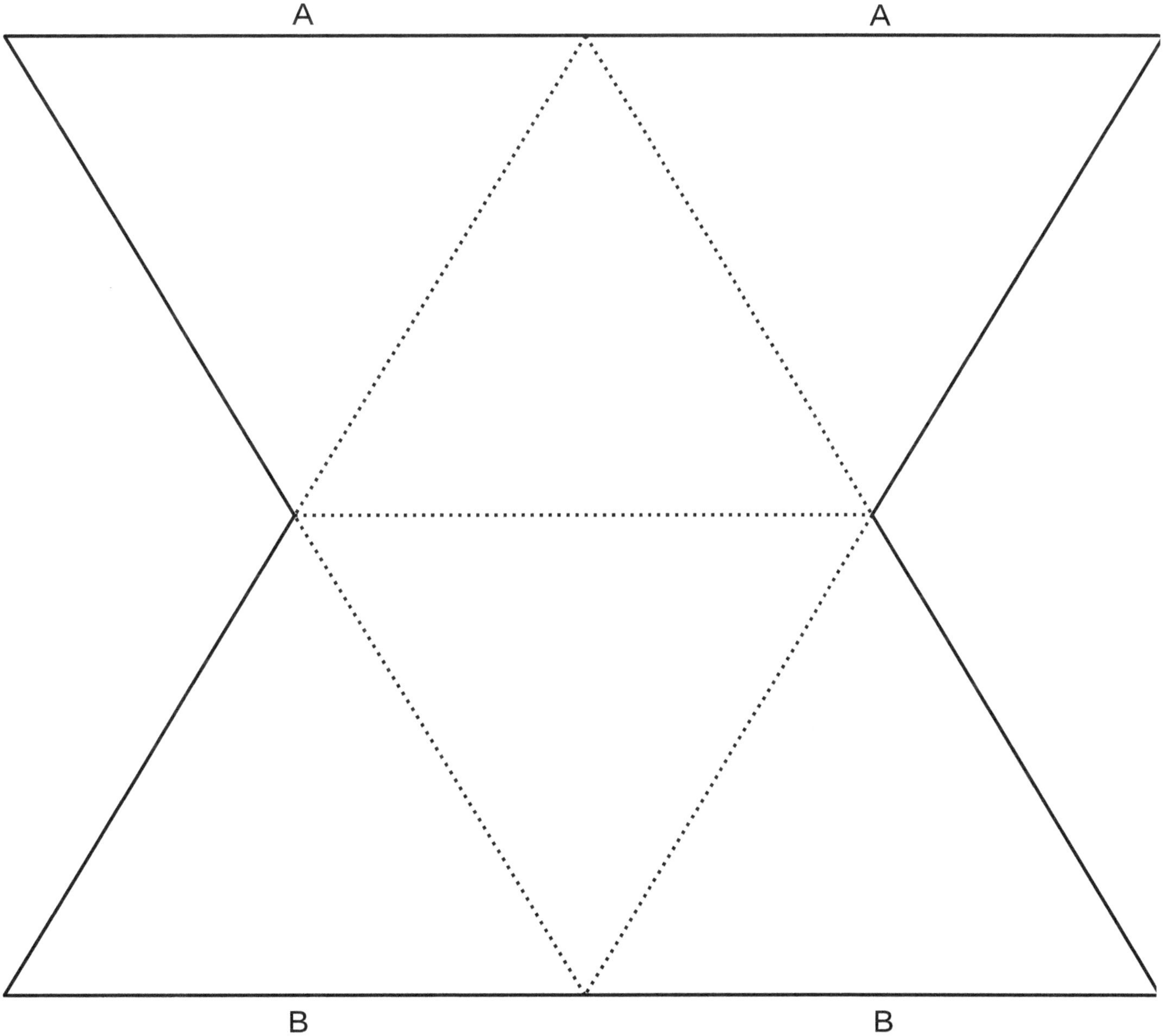

Tristrana pentaeder

1. Izrežite vzdolž polne črte.
2. Zložite na nizajo linij.
3. Uporaba jasno trak za pritrditev.

Če želite narisati ali barvno neto, to
storiti, preden jo trak skupaj. Če želite,
da jo okrasite z lepljenjem na
dekoracije, ga zalepite skupaj prvič.

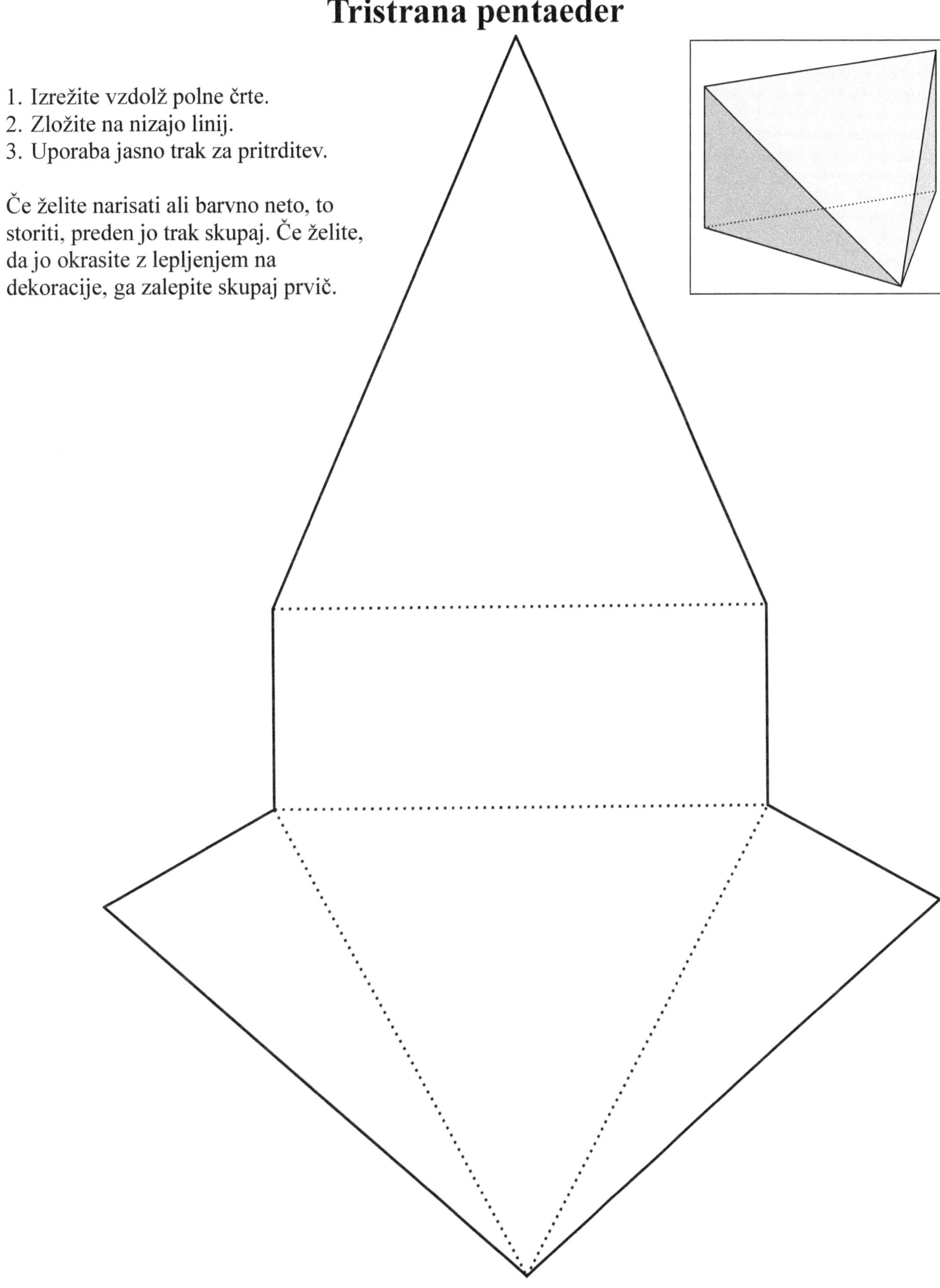

Tristrana prizma

1. Izrežite vzdolž polne črte.
2. Zložite na nizajo linij.
3. Uporaba jasno trak za pritrditev.

Če želite narisati ali barvno neto, to storiti, preden jo trak skupaj. Če želite, da jo okrasite z lepljenjem na dekoracije, ga zalepite skupaj prvič.

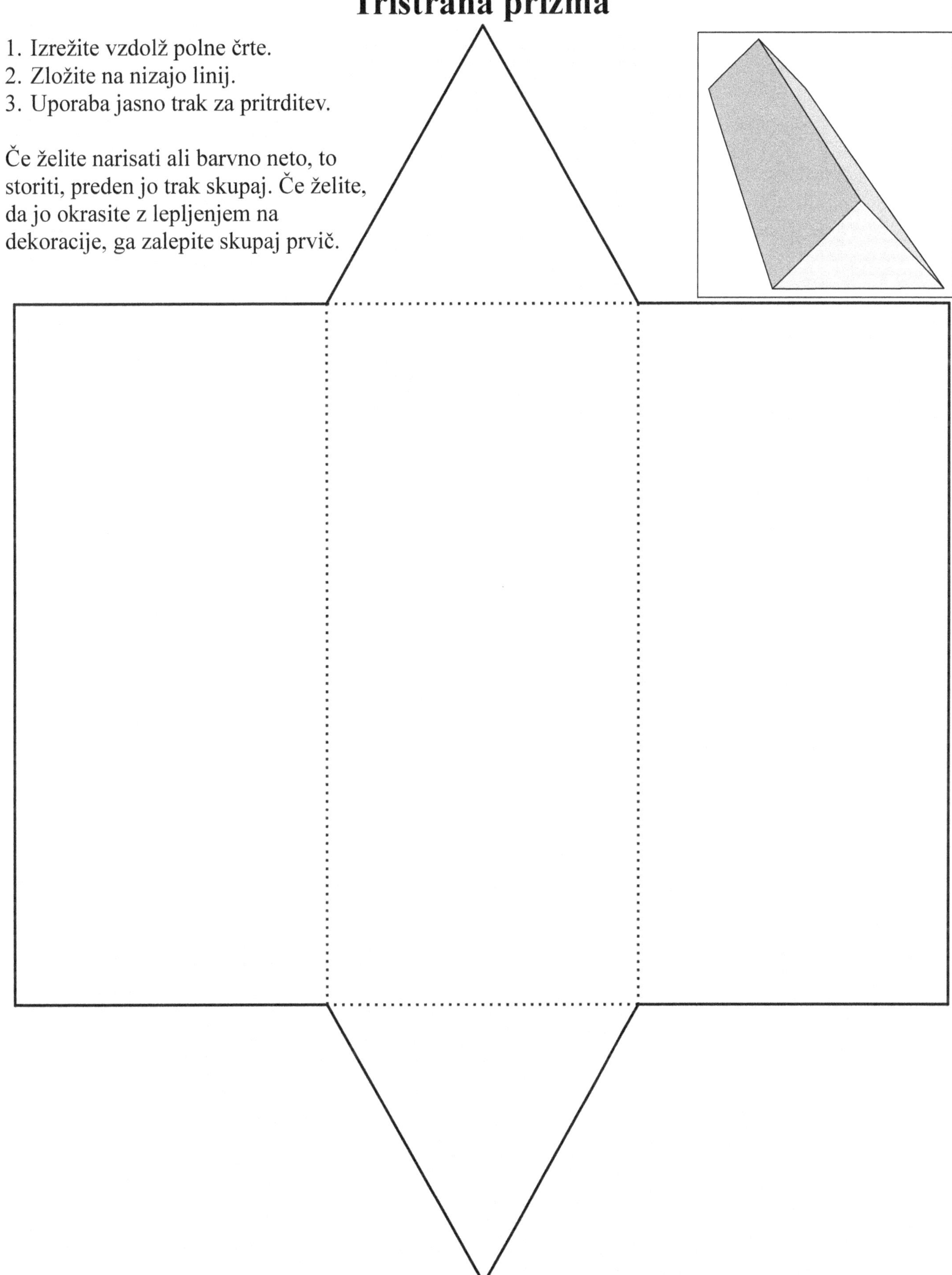

Poševna trikotna piramida

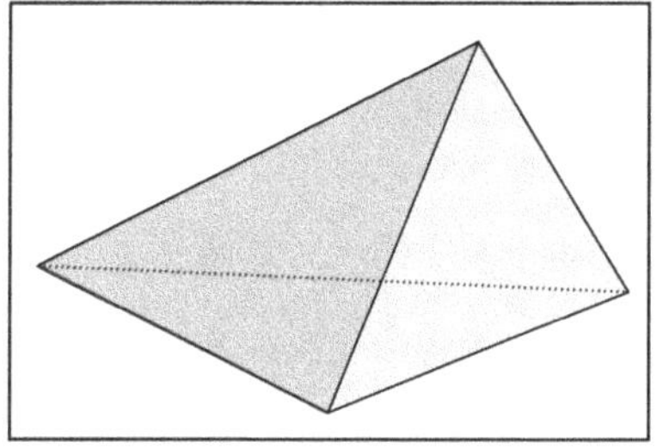

1. Izrežite vzdolž polne črte.
2. Zložite na nizajo linij.
3. Uporaba jasno trak za pritrditev.

Če želite narisati ali barvno neto, to storiti, preden jo trak skupaj. Če želite, da jo okrasite z lepljenjem na dekoracije, ga zalepite skupaj prvič.

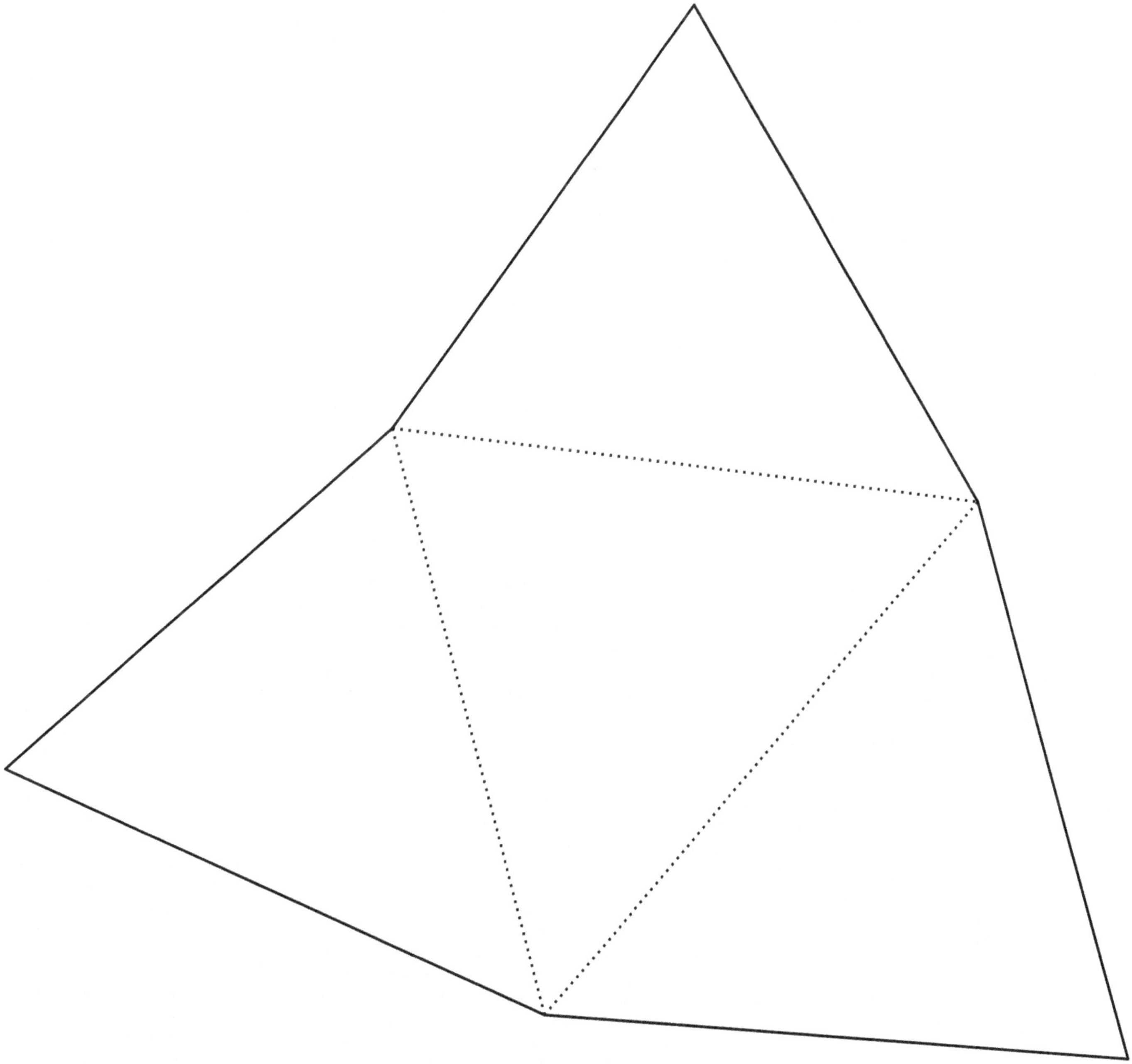

Prisekan kocka

1. Izrežite vzdolž polne črte.
2. Zložite na nizajo linij.
3. Uporaba jasno trak za pritrditev.

Če želite narisati ali barvno neto,
to storiti, preden jo trak skupaj.
Če želite, da jo okrasite z lepljenjem
na dekoracije, ga zalepite skupaj
prvič.

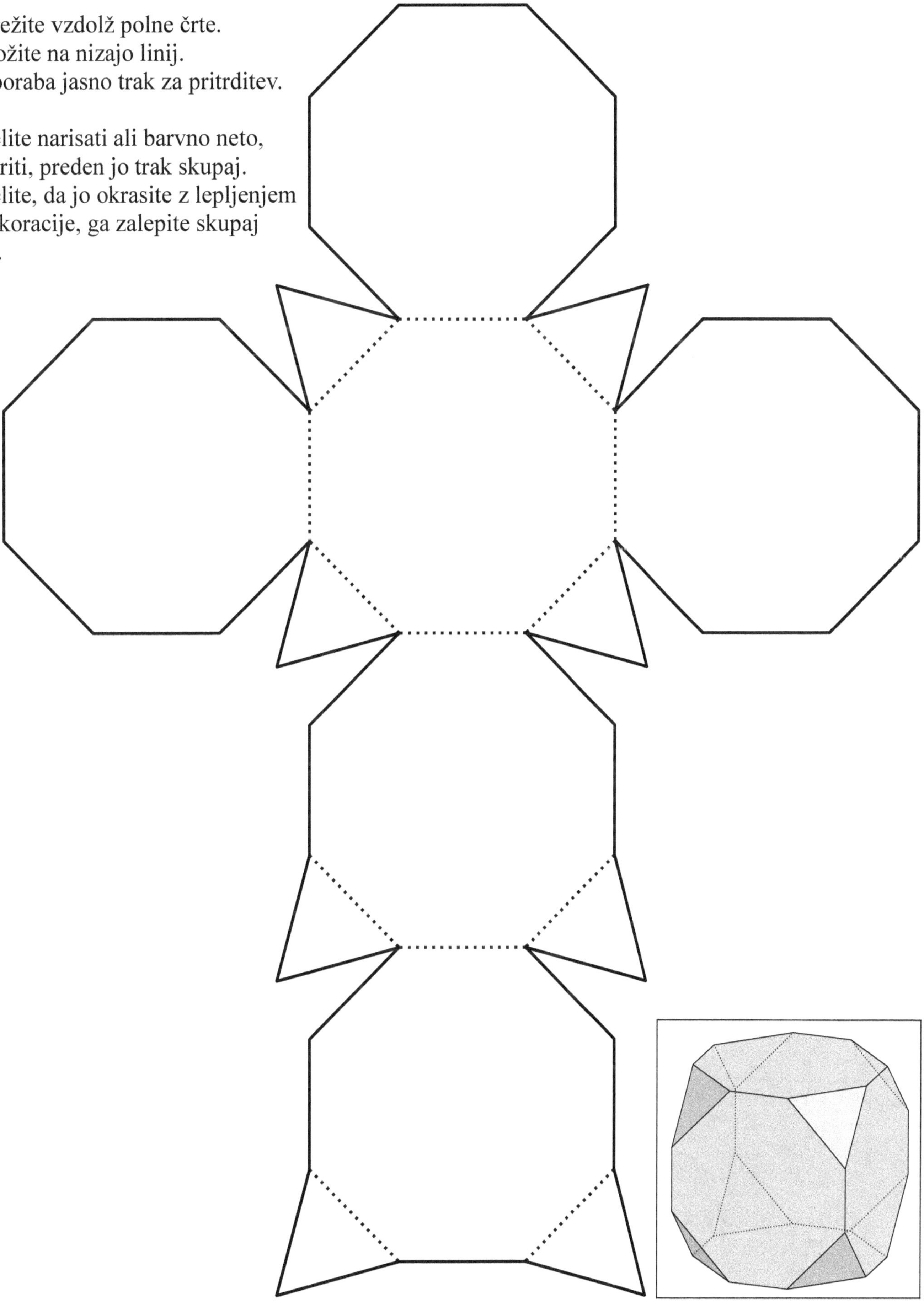

Prisekan kubooktaeder

1. Izrežite vzdolž polne črte.
2. Zložite na nizajo linij.
3. Uporaba jasno trak za pritrditev.

Če želite narisati ali barvno neto, to storiti, preden
jo trak skupaj. Če želite, da jo okrasite z lepljenjem
na dekoracije, ga zalepite skupaj prvič.

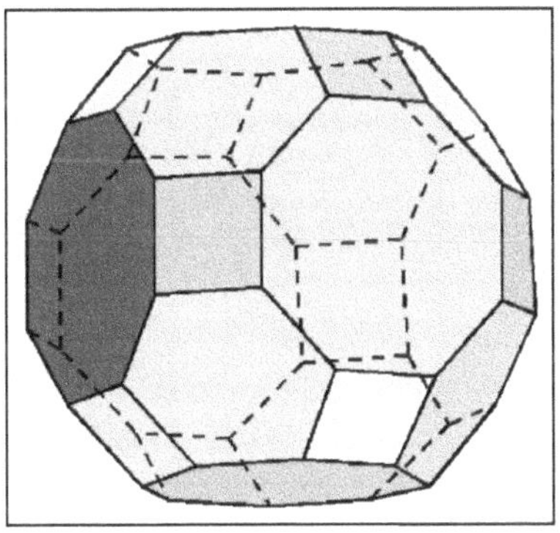

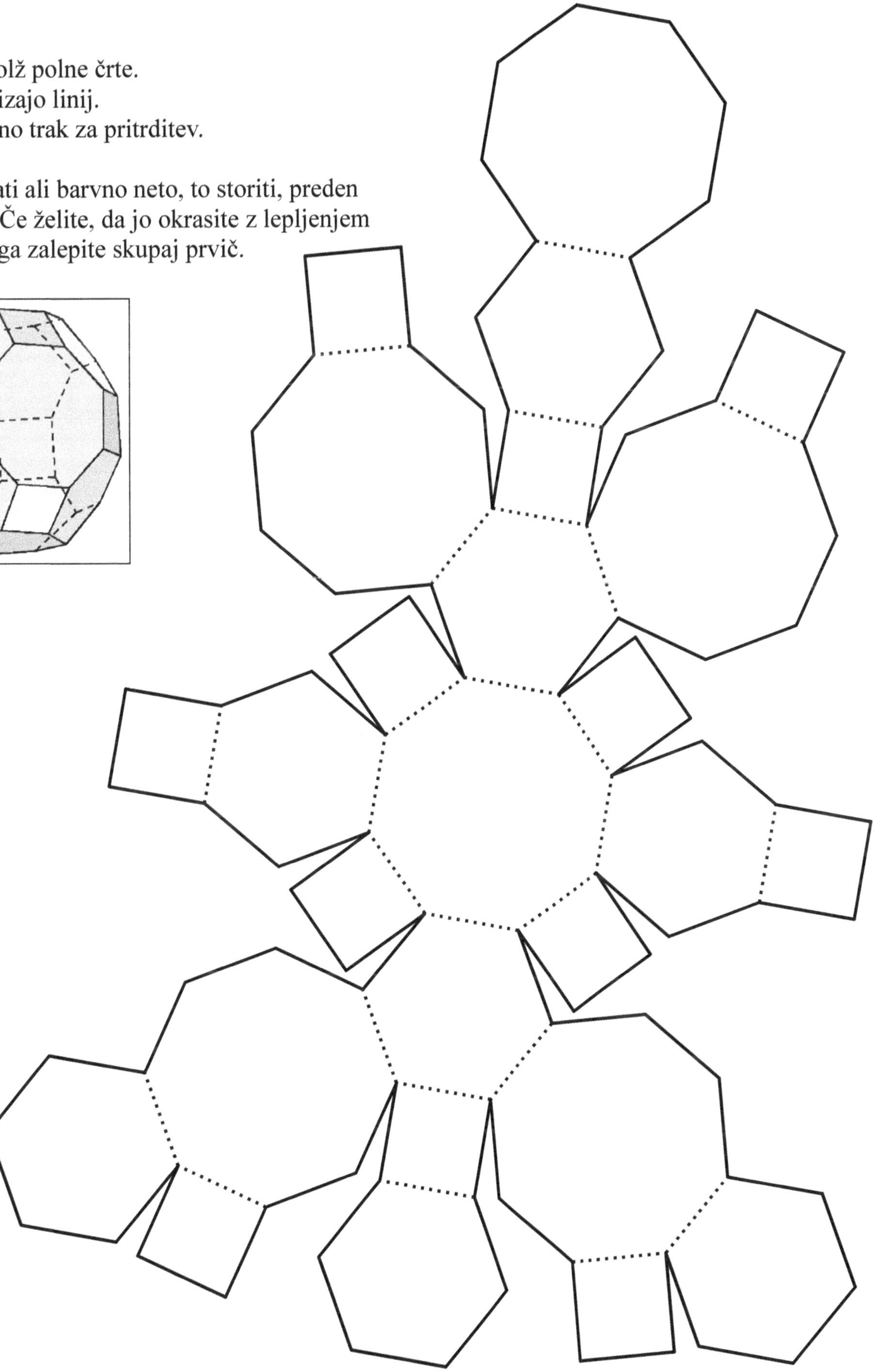

Prisekan dodekaeder

1. Izrežite vzdolž polne črte.
2. Zložite na nizajo linij.
3. Uporaba jasno trak za pritrditev.

Če želite narisati ali barvno neto, to storiti, preden jo trak skupaj. Če
želite, da jo okrasite z lepljenjem na dekoracije, ga zalepite skupaj prvič.

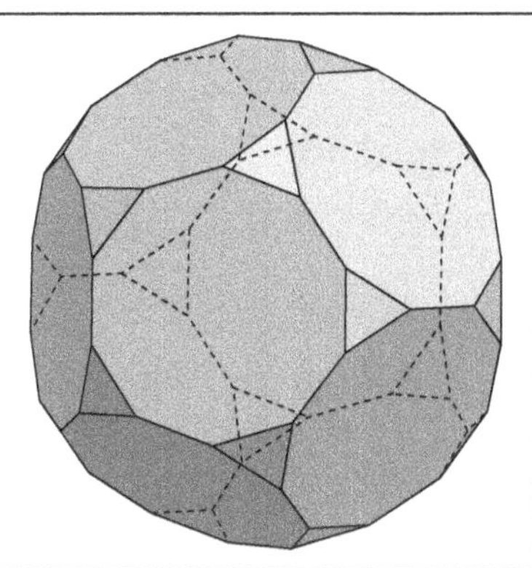

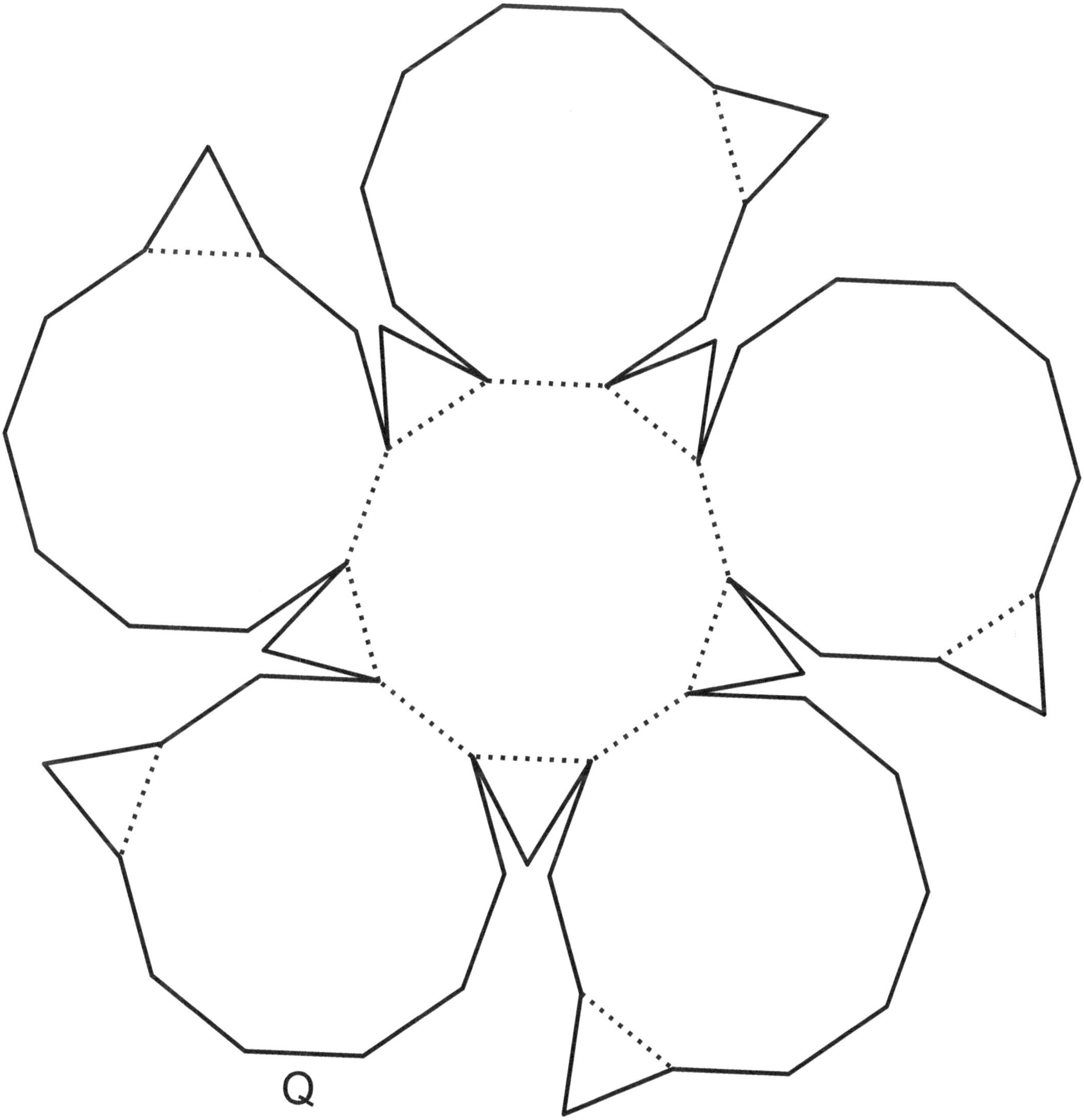

Q

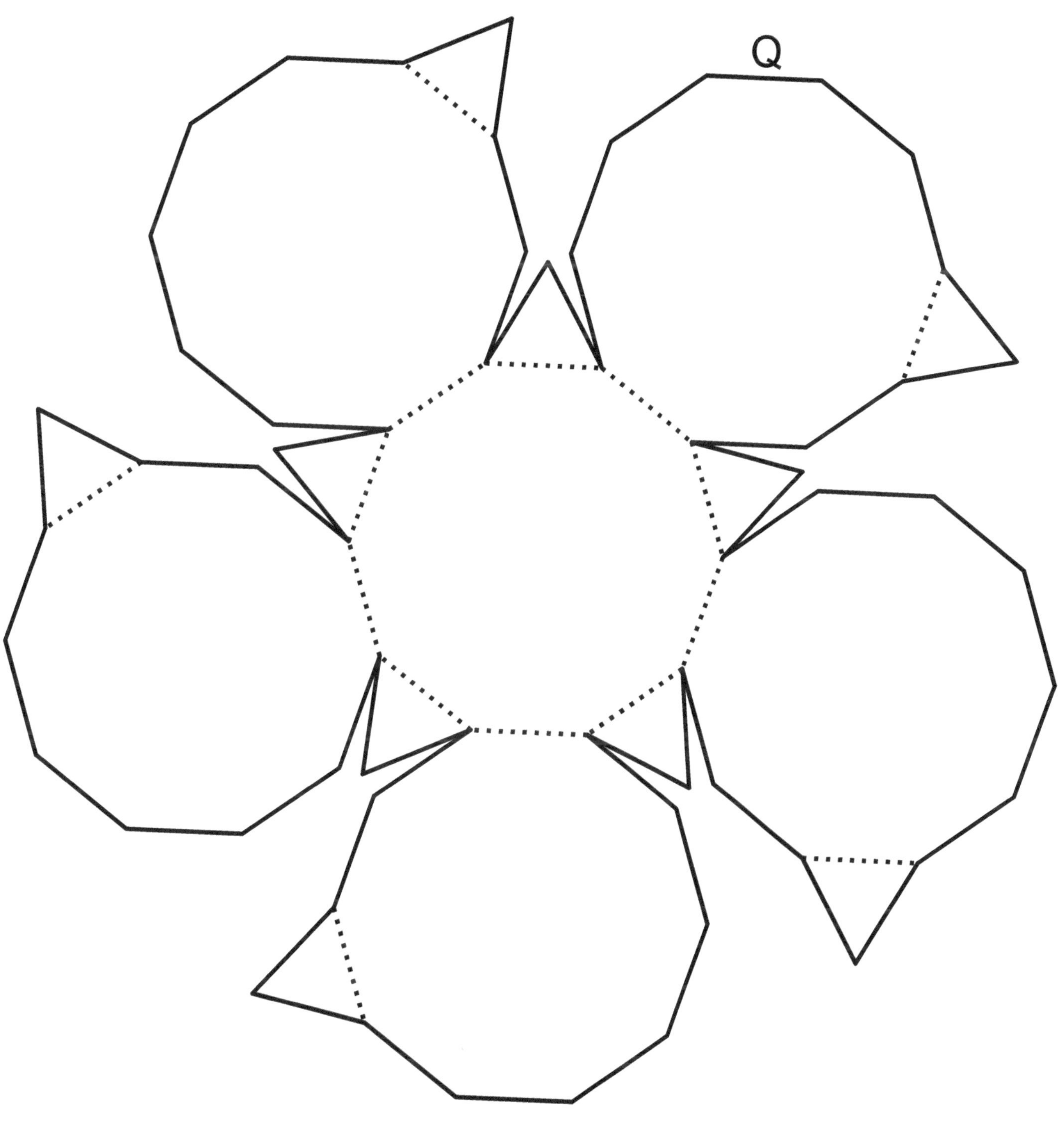

Q

Prisekan ikozaeder

1. Izrežite vzdolž polne črte.
2. Zložite na nizajo linij.
3. Uporaba jasno trak za pritrditev.

Če želite narisati ali barvno neto, to storiti, preden
jo trak skupaj. Če želite, da jo okrasite z lepljenjem
na dekoracije, ga zalepite skupaj prvič.

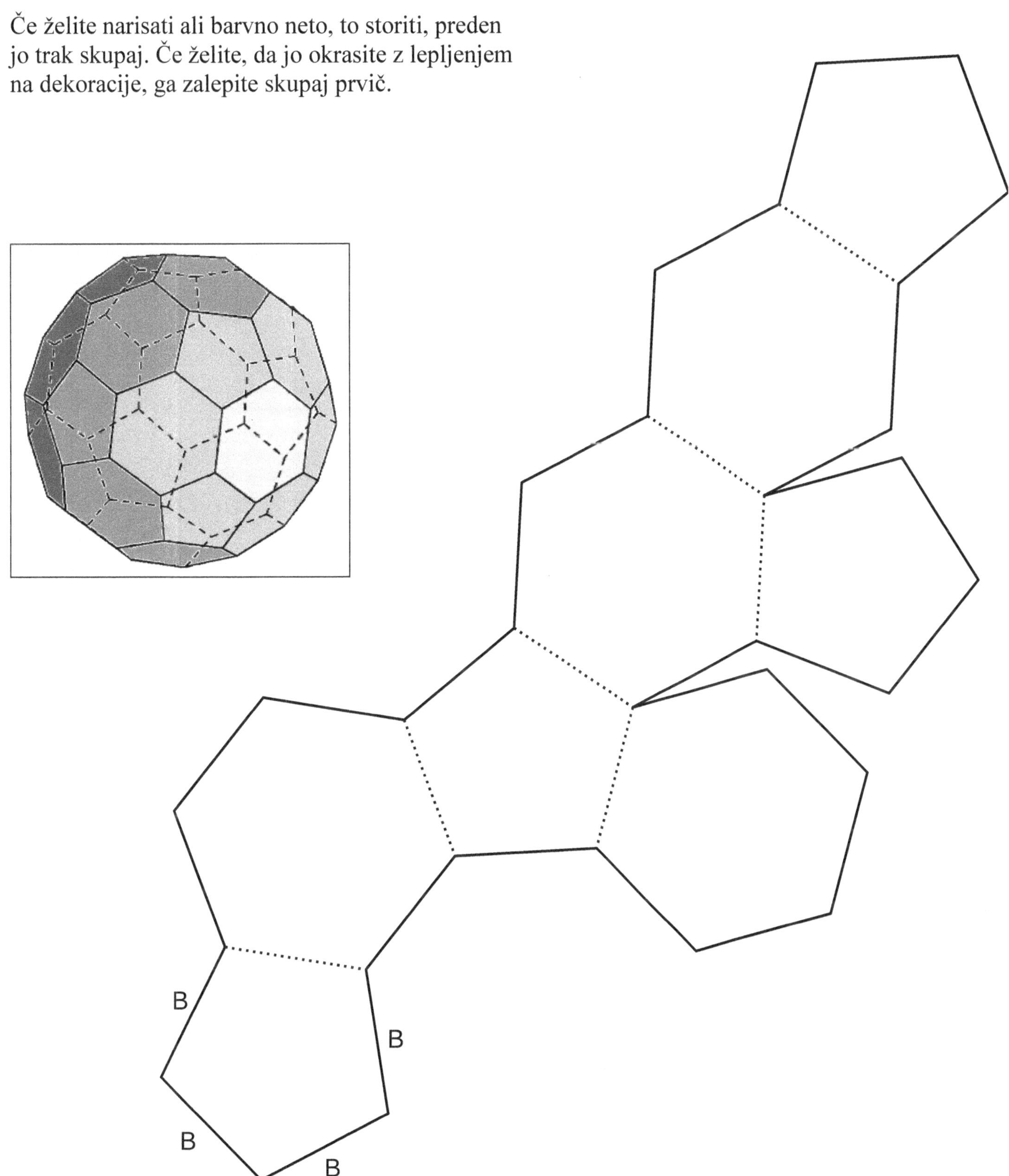

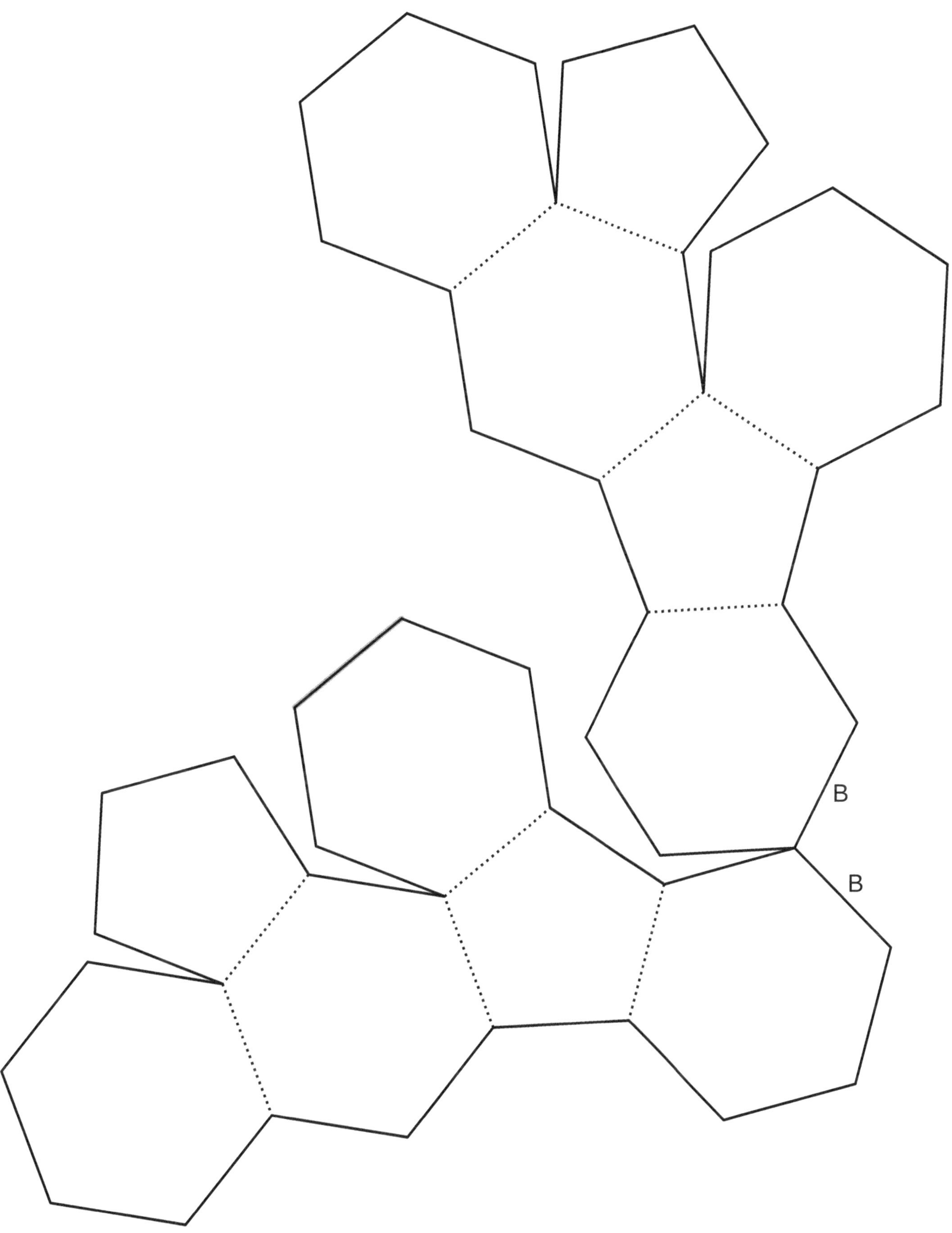

B
B

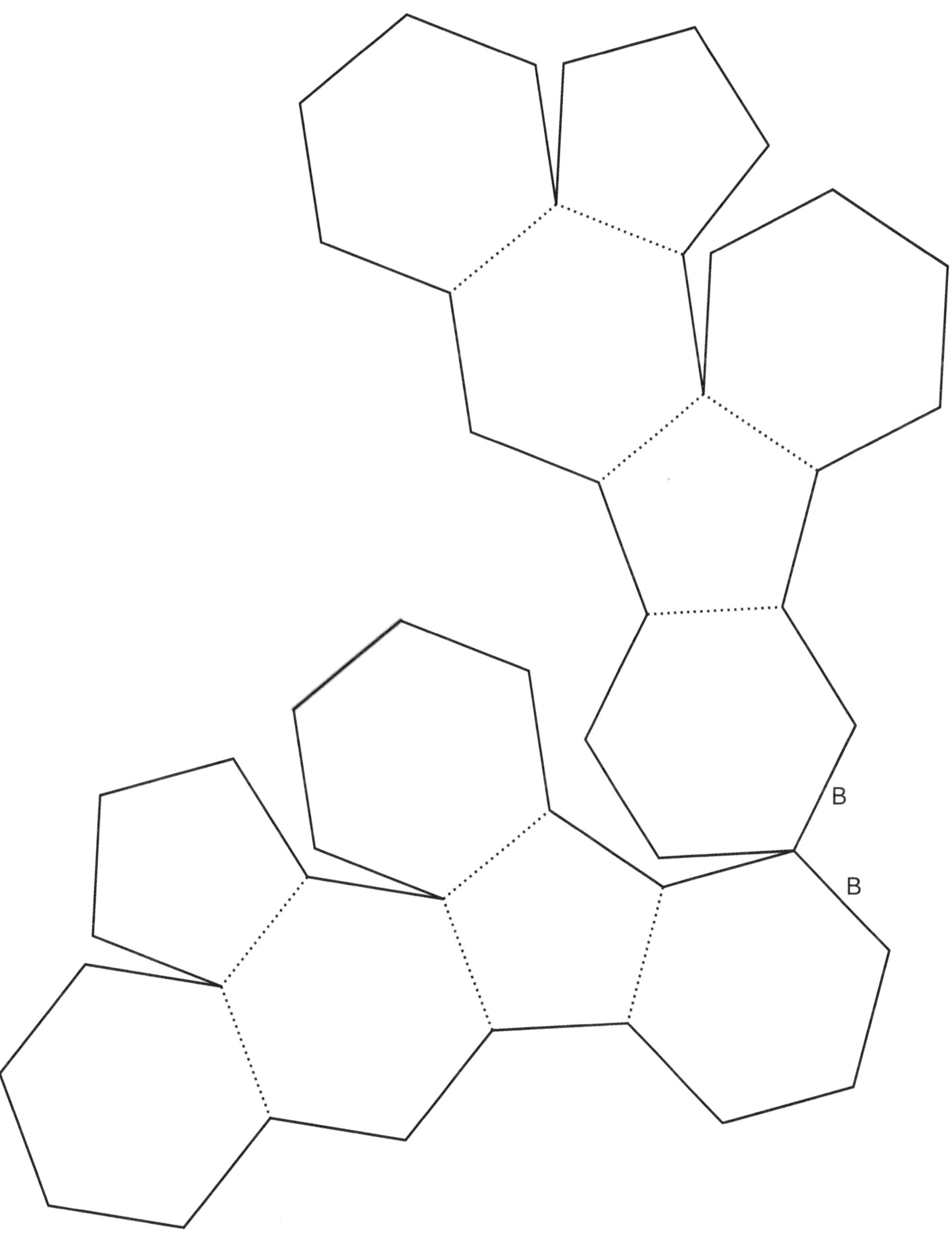

B
B

Ikozidodekaeder

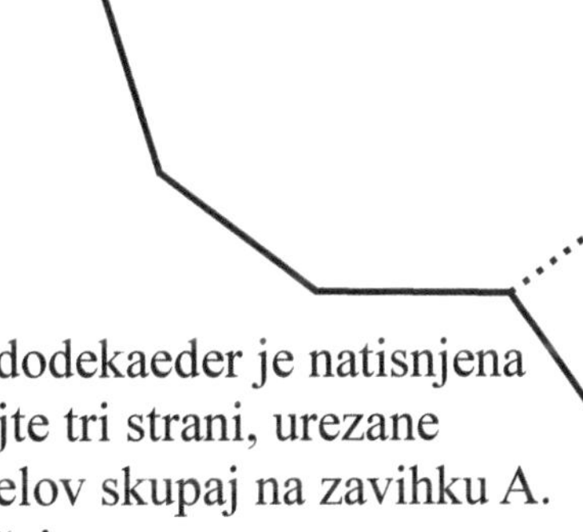

Celotna okrnjene ikozidodekaeder je natisnjena
na treh straneh. Kopirajte tri strani, urezane
oblike in zalepite pet delov skupaj na zavihku A.
Nato ga skupaj kot običajno.

1. Izrežite vzdolž polne črte.
2. Zložite na nizajo linij.
3. Uporaba jasno trak za pritrditev.

Če želite narisati ali barvno neto, to storiti, preden
jo trak skupaj. Če želite, da jo okrasite z lepljenjem
na dekoracije, ga zalepite skupaj prvič.

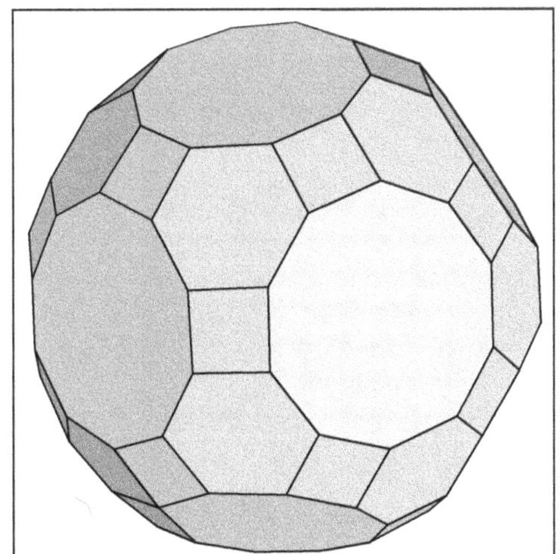

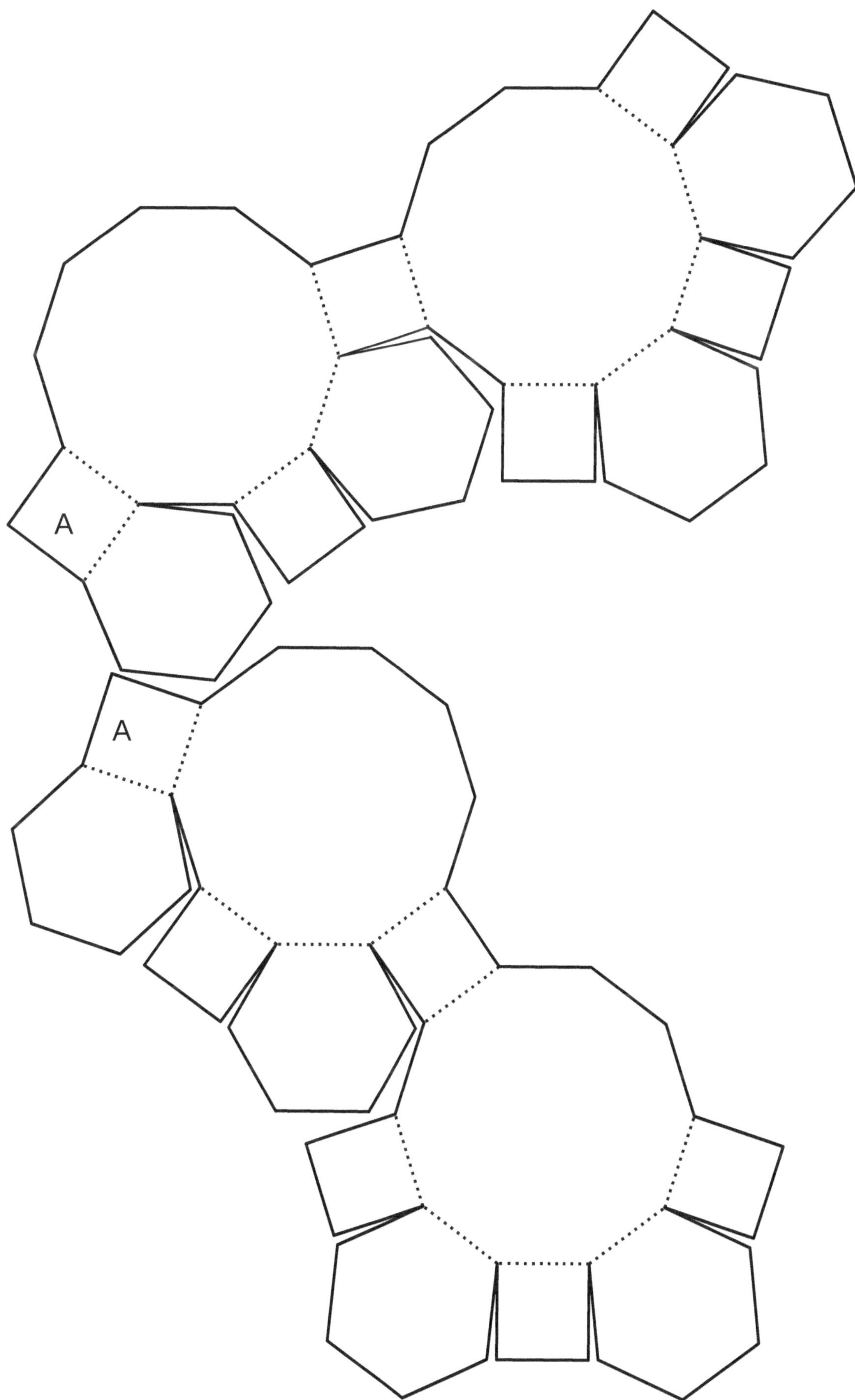

A
A

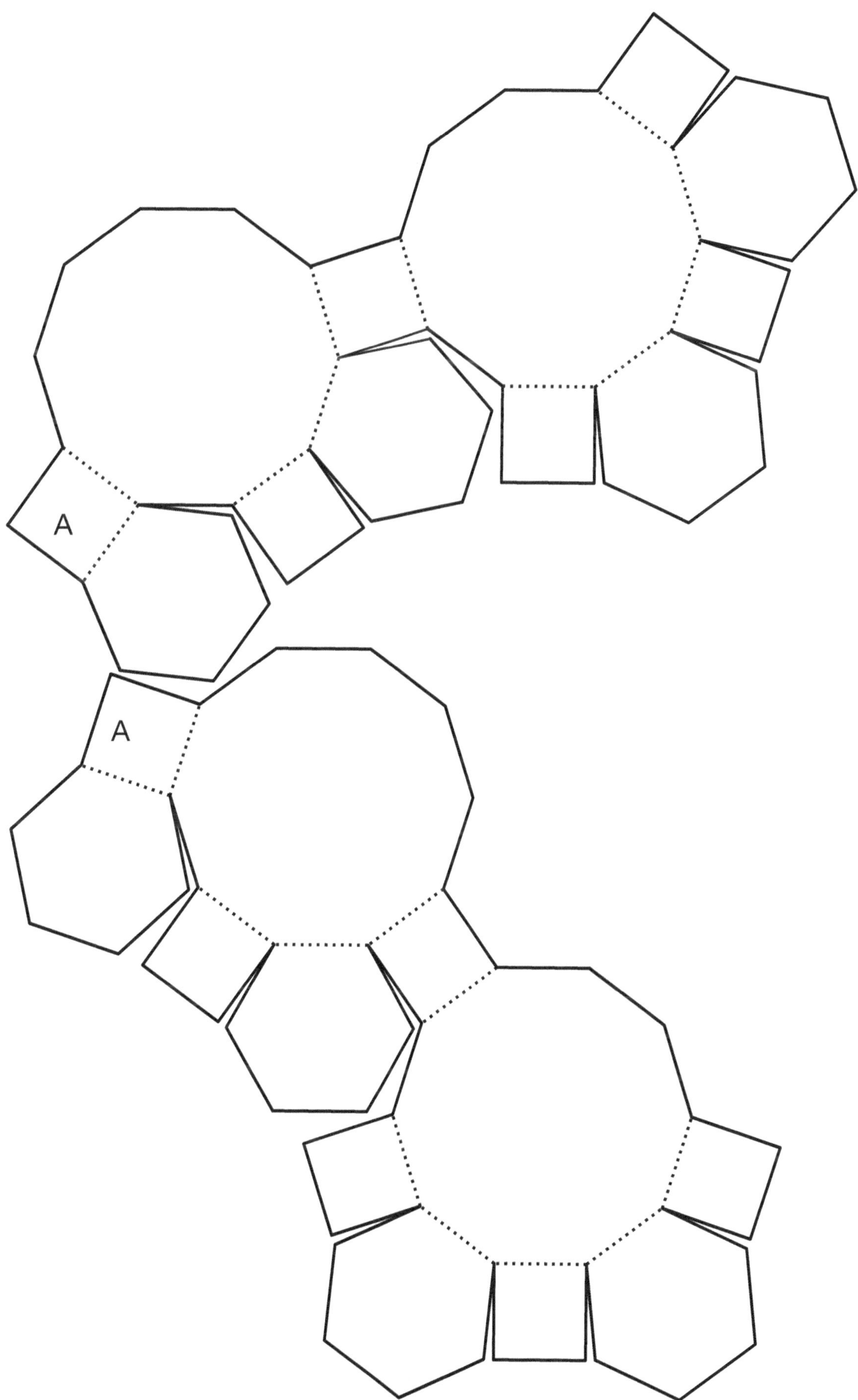

A
A

Prisekan oktaeder

1. Izrežite vzdolž polne črte.
2. Zložite na nizajo linij.
3. Uporaba jasno trak za pritrditev.

Če želite narisati ali barvno neto, to storiti, preden jo trak skupaj. Če želite, da jo okrasite z lepljenjem na dekoracije, ga zalepite skupaj prvič.

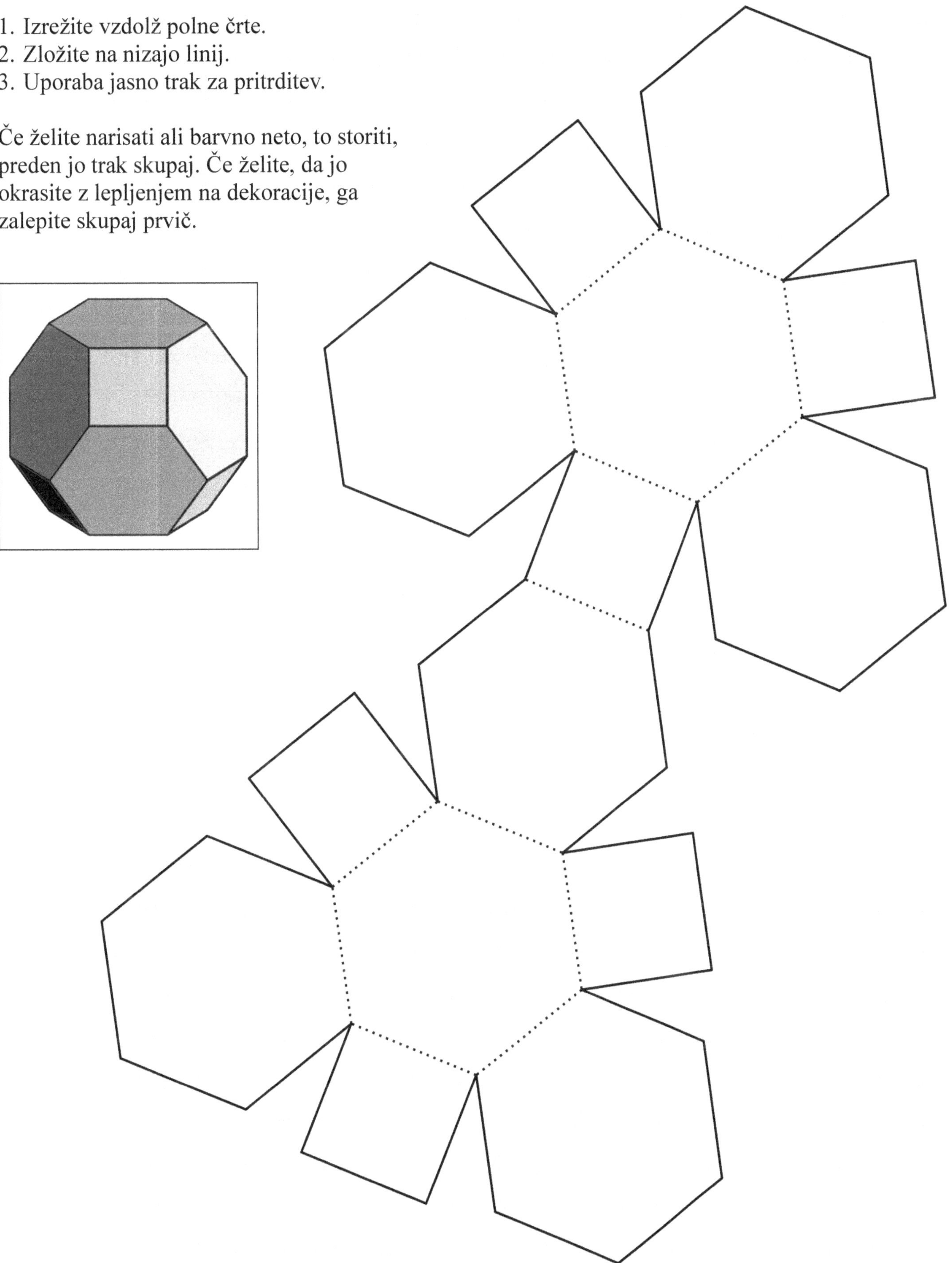

Prisekan tetraeder

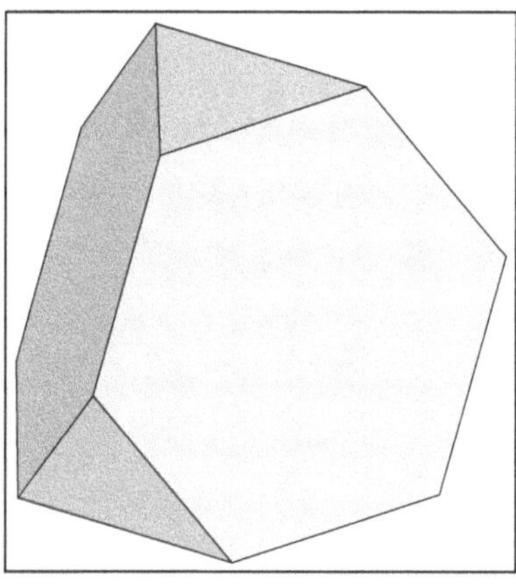

1. Izrežite vzdolž polne črte.
2. Zložite na nizajo linij.
3. Uporaba jasno trak za pritrditev.

Če želite narisati ali barvno neto, to storiti, preden jo trak skupaj. Če želite, da jo okrasite z lepljenjem na dekoracije, ga zalepite skupaj prvič.

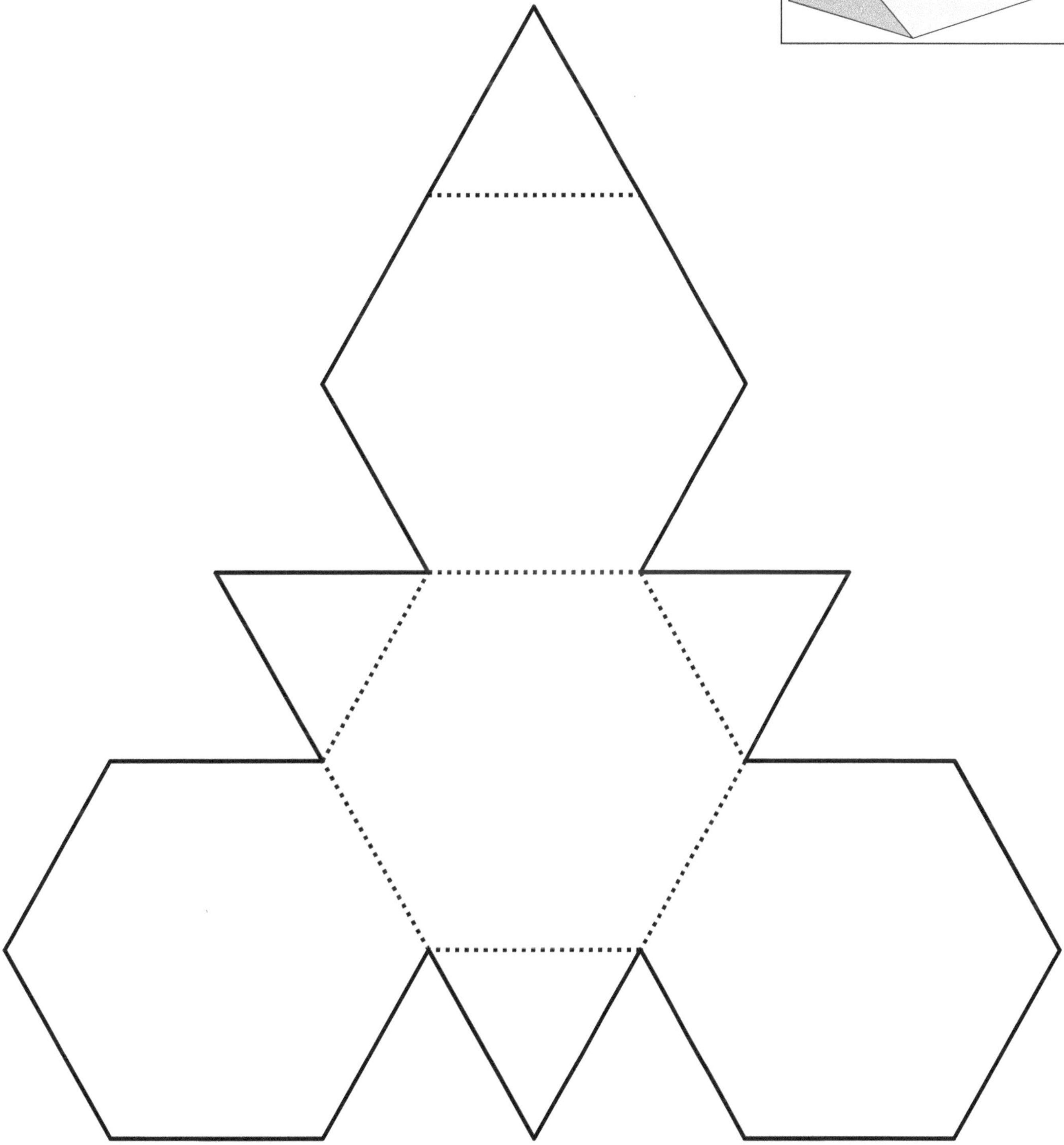

Pravica petstrana zvezdni piramida

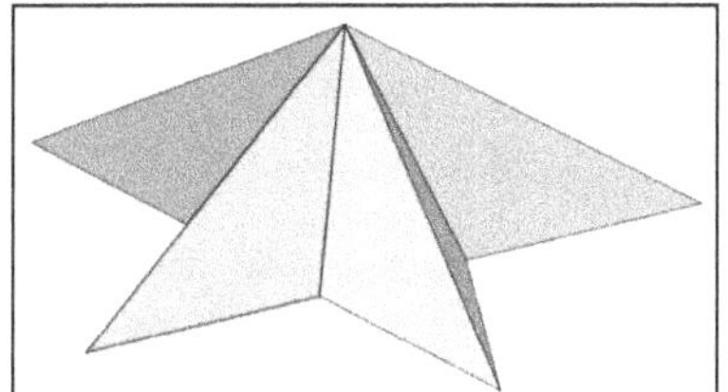

1. Izrežite vzdolž polne črte.
2. Zložite nazaj na pikčastih črt.
3. Uporaba jasno trak za pritrditev.

Če želite narisati ali barvno neto, to storiti, preden jo trak skupaj. Če želite, da jo okrasite z lepljenjem na dekoracije, ga zalepite skupaj prvič.

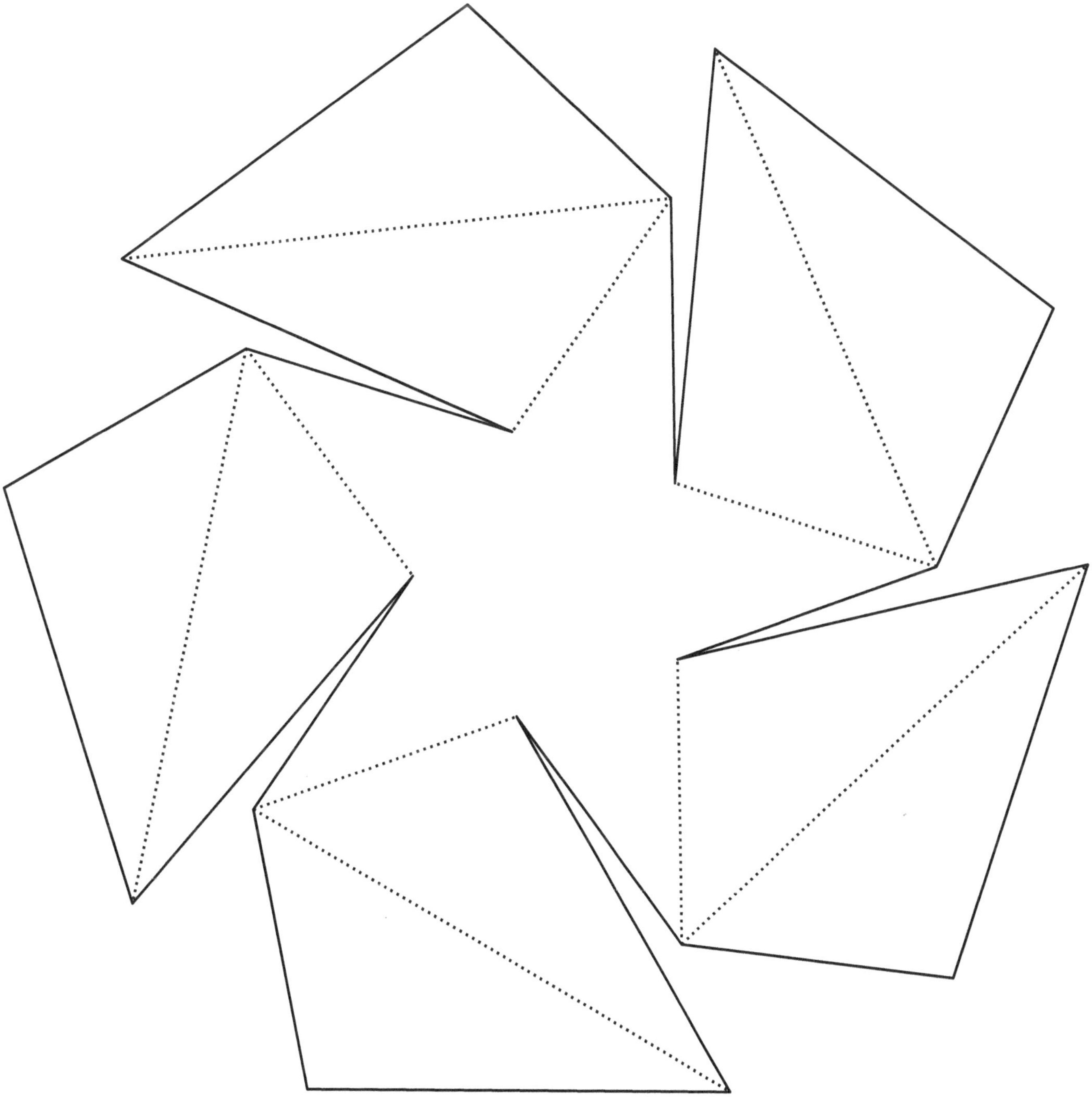

Prisekan kvadratna trapezoeder

1. Izrežite vzdolž polne črte.
2. Zložite na nizajo linij.
3. Uporaba jasno trak za pritrditev.

Če želite narisati ali barvno neto, to storiti, preden
jo trak skupaj. Če želite, da jo okrasite z lepljenjem
na dekoracije, ga zalepite skupaj prvič.

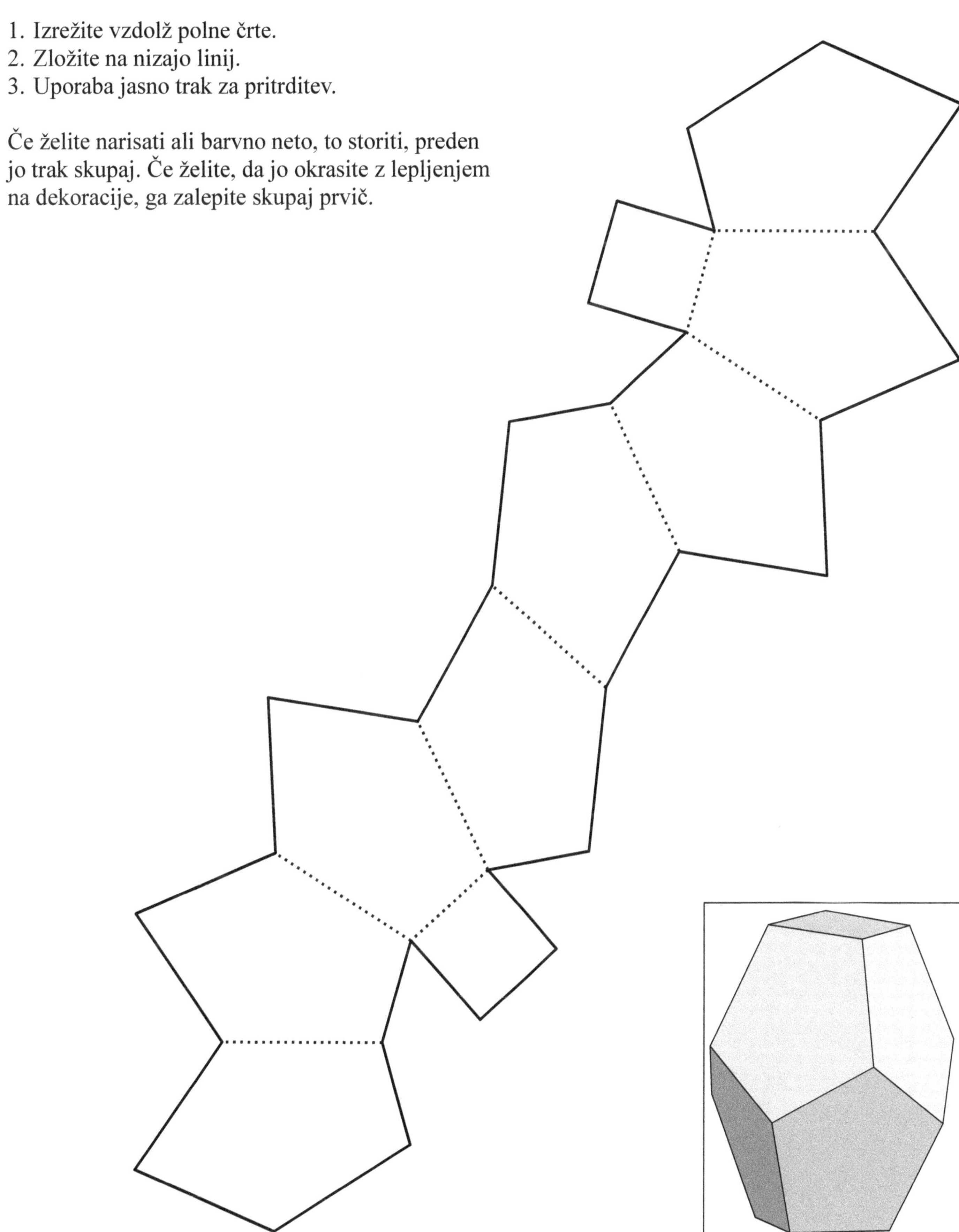